西安石油大学优秀学术著作出版基金资助

美学语言学与接受美学视域下
英汉语篇对比与翻译

董　梅　著

石油工业出版社

内 容 提 要

本书从美学语言学与接受美学理论出发，对英汉语篇进行了对比研究，制定了英汉语篇互译策略。主要从语音、词汇、语法、谋篇布局等几个层面探究了语言审美选择与民族审美观念之间的关系。

本书适用于语言研究、对外传播等行业的科研人员、技术人员以及管理人员使用，也可供相关专业师生参考阅读。

图书在版编目（CIP）数据

美学语言学与接受美学视域下英汉语篇对比与翻译 / 董梅著. —
北京：石油工业出版社，2020. 9
    ISBN 978-7-5183-4226-6

Ⅰ. ①美… Ⅱ. ①董… Ⅲ. ①石油工业—英语—翻译—研究 Ⅳ. ①TE

中国版本图书馆CIP数据核字（2020）第175077号

美学语言学与接受美学视域下英汉语篇对比与翻译
董 梅 著

出版发行：石油工业出版社
　　　　　（北京安定门外安华里 2 区 1 号 100011）
网　　址：www.petropub.com
编 辑 部：（010）64523687　　图书营销中心：（010）64523633
经　　销：全国新华书店
印　　刷：北京中石油彩色印刷有限责任公司

2020 年 9 月第 1 版　　2020 年 9 月第 1 次印刷
710×1000 毫米　开本：1/16　印张：13.75
字数：200 千字

定　价：70.00 元

前　言

　　人类的欢欣雀跃，多缘于功利需求的满足，间或动机利益的达成，然而，审美却非如此。欣赏美的事物，人们并未得到任何价值的增加，但由衷的喜悦之情却油然而生，心灵在瞬间得到升华，世俗纷扰，蜚短流长，皆消失殆尽，随之而来的是世外桃源般的恬静与惬意。蓦然回首，你会发现，其实生活本可以这般简单、纯粹而美好。

　　那么还犹豫什么？快快卸下厚厚的印欧语眼镜，暂时退出那厚此薄彼、莫衷一是的学术研讨，让我们在英汉两种语言的高山流水之地欣赏千岩竞秀、空谷幽兰，于花朝月夜之时弄月吟风、犁云耕雨。再莫哀叹汉语文法之逻辑复杂，诅咒英文表达之直爽突兀了！峰回路转，你会惊喜地发现原来中英两种语言"各美其美，美人之美"，我们大可"美美与共，天下大同"。

　　鉴于此，本书转换视角，将英汉语篇作为审美对象，以美学语言学中的核心概念——语言的审美选择作为对比项，从语音、词汇、语法和谋篇布局等维度展开英汉语篇对比与翻译研究，继而采用文化投影法来探索民族审美观念对语言审美选择的影响规律，深入认识语言的本质。

本书写作中借鉴了钱冠连先生及其他中外学者的研究成果，得到不少领导与同事的大力支持与鼓励。本书还受到国家社会科学基金项目"英语专业教育中的中国文化传承现状问题调查"（项目编号：18BYY096）、陕西省社会科学基金项目"陕西外宣英语软新闻语言审美研究"（项目编号：2019M002），以及西安石油大学优秀学术著作出版基金的资助，在此一并感谢。

目 录

第一章

绪　论

作为语言学中的一个分支，对比语言学的任务是对两种或两种以上的语言进行共时对比研究，描述它们之间的异同，特别是其中的不同之处，并将研究结果应用于相关领域（许余龙，1992）。对比语言学分为理论和应用两方面。其中理论部分可再次分为一般理论对比语言学和具体理论对比语言学。前者研究的是对比语言学的一般性理论与方法，后者则是运用一般对比语言学的理论和方法对两种或两种以上具体的语言进行对比描述。应用部分可分为一般应用对比语言学和具体应用对比语言学两部分。一般应用对比语言学的任务在于如何将对比语言学应用于所对比的语言有关的语言活动中去，而具体应用对比语言学则是对两种具体的语言进行对比，并以此服务于某一具体的应用。

英汉对比与翻译研究隶属于具体应用对比语言学的范畴。它是对英汉两种语言进行对比描述，然后将对比结果应用于英汉互译。具体来说，英汉对比与翻译研究的任务就是对英汉两种语言进行共时的对比研究，探寻英汉两种语言的差异性，以此构建有效的英汉互译策略，切实服务于英汉互译实践。

作为英汉对比与翻译范畴内的美学语言学和接受美学视域下英汉语篇对比与翻译研究就是以美学语言学的核心概念——语言的审美选择，具体涉及"语音的审美选择""词的审美选择""语法的审美选择""谋篇布局的审美选择"为对比中立项，从中立立场出发，探索英汉语篇宏观与微观层面上审美选择的差异性，分析差异产生的原因，继而秉持接受美学的"读者至上"的原则，充分顾念译文读者的接受情况，提出具备较强可操作性的英汉语篇互译策略，努力消灭中式英语与英式汉语，创造出为译文读者所喜闻乐见的翻译作品。美学语言学与接受美学视域下英汉语篇对比与翻译研究在对比语言学中的位置如图 1-1 所示。

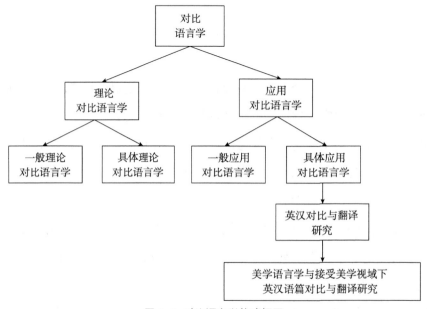

图 1-1 对比语言学构建框图

 研究对象、任务、方法与创新点

美学语言学与接受美学视域下的英汉语篇对比与翻译研究的对象是日常真实情景中各种模态的英汉语篇，其任务，一是探寻英汉语篇在语音审美选择、词的审美选择、语法审美选择和谋篇布局审美选择上的差异性；二是构建有效的翻译策略，在译文中充分体现英汉两种语言的言语美，提高英汉互译质量，最终提升译文在目的语读者中的接受度；三是进一步探究语言审美选择与民族审美观念之间的关系，探寻语言的本质。

本书所述的研究方法包括"假说—形成—验证"法、对比法、文化投影法、演绎归纳法。"假说—形成—验证"法就是使用大自然中普遍存在的形式美、美的法则、美的概念去检验作为审美对象的言语活动，看看在这些言语活动中是否也存在着形式美、美的法则、美的概念的显现（钱冠连，2006）。作为验证剂的形式美法则和科学美的一些基本概念将在后文中予以详细说明。对比法用于探索不同层次英汉言语美在语言的审美选择特征与规律上的差异性。文化投影法用于探索语言的审美选择与民族审美观念和审美趣旨之间的关系。演绎归纳法是一种从现象到规律以及从规律到现象的推理方法，用于从言语现象来洞悉语言规律及本质，然后得出一般性结论。

本书的创新点如下：

（1）焦点创新：将英汉语篇作为独立于人的客观存在来对比的研究比比皆是，而聚焦于语篇创造者的语言审美选择的对比研究则十分少见。

（2）对比基础创新：将语篇作为审美对象，以语言的审美选择作为对比中立项，从中立角度出发探索英汉语篇各层次间的差异性。这种对比方法摈弃了一直以来对比语言学界所贯彻的从某一种语言出发来审视另一种语言的狭隘方式，充分尊重各种语言中不同的言语美表达方式，消灭语言偏见，是对语言沙文主义的有力挑战。

（3）方法创新：研究采用文化投影法来探索民族审美观念对语言的审美选择的影响规律，继而展开民族审美意蕴与趣旨的对比，是一种方法上的创新。

 研究意义

借用钱冠连先生对理论的"有用"与"无用""实用"与"虚用"的表述，认为美学语言学，貌似"虚"，实则"实"；虽无"外在的用"，却有"内在的用"；虽无"有形的用"，却有"无形的用"；既有"小用"，可用来指导交际与翻译实践，又有"大用"，可用来窥视语言的本质。

美学语言学阐明了语言与民族审美观念之间的共变关系（钱冠连，2006）。刘宓庆（1991）也指出，"思维方式、思维特征和思维风格通常具有深厚的民族文化渊源，它反映操某一种语言的群体在漫长的历史过程中形成的语言心理倾向：直接或间接促成这种倾向的最重要的民族文化因素（ethnological factors）是哲学、伦理学和美学"。

上述陈述至少说明了两个问题，"一是说明语言形式和民族气质有联系；二是美学参与了直接或间接促成某种语言群体的语言心理倾向的形成活动"。

美学语言学还指出，民族审美意识对民族的语言审美选择具有导向作用。例如，钱冠连发现，汉族以对偶为美，无论是正对、反对还是串对，无论是口号、格言、楹联、散文还是诗歌，无论是甲骨卜辞时代还是今天，无论是建筑、音乐还是城市格局，对偶被运用得异彩纷呈。而英文字母多为尖形，所以其建筑以高耸入云为主要标志，如哥特式建筑的尖顶和各种高塔；阿拉伯字母是圆形的，因此其建筑也已圆形为主（钱冠连，2006），这种民族审美观念对语言的导向作用是英汉差异形成的充分条件。

发轫于20世纪初叶的接受美学一直强调读者的裁决性地位，关注读者的接受情况，认为作品的意义是文本和读者双向互动的结果，这种互动是通过阅读活动实现的。阅读是一种审美活动，是读者积极而主动参与的审美体验活动，阅读促成了今昔视野的融合，也促成了读者期待视野随着对本文召唤结构暗示的响应与作者审美视野的融合，从而进一步拓展了读者的期待视野，这一过程对读者而言，堪称一番完美的审美体验活动。

接受美学在20世纪80年代引入中国，其以读者接受为指归的研究模式令国内学术界为之一振。然而该方面的论文发表数量仍旧有限，1991年至2018年间论文总量为1505篇，内容多集中在接受美学的理论阐释和接受美学观照下的翻译策略研究两大方面，出现了一些卓有成效的翻译方法，例如针对中国古典文学翻译中原文里面的模糊美，刘利晓（2010）提出了模糊美的保留、明晰和专门解释等几种翻译策略。沈炜艳等（2015）探讨了译者对读者语言习惯、文化背景、审美习惯三个维度的关照。在谈到文化意象的翻译时，我国学者还提出了"异化为主、同化为辅的手法"，以最大限度传播中国文化和美学意趣（李洪乾，2009）。阳小玲（2012）尝试提出了诗歌意象美"有条件"再现的途径，即"顾及读者的期待视野、顺从读者的语言审美观，缩短读者与作者之间的审美距离，使译文读者能获得轻松愉快的审美体验；着眼读者对汉文化的接受力，对具有丰富的汉文化韵味的意象采取适当的保留，根据需要添加对原文读者已知而对译文读者新鲜的文化信息，以扩展读者的期待视野和审美经验"。阮广红（2019）指明张爱玲在《金锁记》自译英译本中体现出的对原作风貌的尽可能保留，同时对译文读者的期待视野和接受维度两方面的兼顾的"杂合式"翻译策略。王珍珍等（2020）提出浅化、等化和深化原文中的文化意象等"三化"策略，以期在更好地呈现文化差异，克服"文化亏损"的同时，观照读者的期待视野。曹丽霞（2020）和寿敏霞（2008）从语音、词汇、句法、修辞、文化等不同层面总结了儿童文学的翻译策略，指出儿童文学翻译需要充分考虑儿童读者的接受情况。可以说，接受美学在翻译研究领域得到了十足的应用，其核心概念，如读者的期待视野、本文的召唤结构、读者的接受度和读者的审美体验等都与翻译实践完美契合，因而我们认为，接受美学对汉英对比与翻译研究同样具备指导意义与实践观照。

鉴于此，美学语言学和接受美学对于英汉对比与翻译研究至少具备如下意义：

（1）深化和扩展现有英汉对比研究。

一般说来，文化具备三个层次，即表层、中层和深层文化。表层文化即器物文化；中层文化为制度文化；深层文化为观念文化。语言隶属中层文化，而民族审美观念则归属深层文化。美学语言学观照下的英汉对比研究不仅是语言层面的对比，还涉及民族审美观念的研究与对比，因而直抵文化的深层，并将中层文化与深层文化联系在一起，它是对现有英汉对比研究的横纵延伸与丰富。

（2）为英汉对比研究提供了对比框架及中立性对比基础。

美学语言学的核心概念——语言的审美选择是一个综合概念，其旗下目前下设语音的审美选择、词的审美选择、句子的审美选择和语篇的谋篇布局的审美选择等子概念，共同构成了语言的审美选择的宏观和微观层面。美学语言学观照下的英汉对比研究以这些概念为把手，不仅能够全面涉及语言的审美选择的所有层面，也能够关照英汉两种语言的各个层次，做到面面俱到，同时还能够以中立的立场，从中立项出发，来对比分析英汉两种语言的异同，同时囊括英汉两种语言的特点与规律，从而为英译汉和汉译英两种翻译实践提供科学依据。

（3）树立译文读者至上的观念。

众所周知，英汉对比与翻译研究中的"英汉对比"部分主要是为后续的"翻译"服务的。也就是说，对比是手段，提高翻译质量才是最终的目的。然而，评判翻译质量的标准是什么？这一问题貌似简单，实际上堪称翻译界的哥德巴赫猜想。迄今，专家们各抒己见，莫衷一是。从严复在《天演论》的《译例言》中提出的"信、达、雅"到傅雷的"神似论"；从钱钟书的"化境说"，到许渊冲的"意美、音美、形美"的"三美理论"；从单一标准到当代译者提出的"动态多元标准"，随着人们对翻译本质认识的加深，翻译质量评判标准越来越复杂，越来越趋于虚无。"标准"都云里雾里，何以谈质量呢？

然而，以读者为中心的接受美学可为打破这一僵局提供一个可行的思路。在接受美学的启发下，我们发现翻译质量的高低可以凭借译文读者的接受情况来判断，因为毕竟所有的翻译活动最终都是为译文读者服务的。毋庸置疑，那些受到译文读者欢迎的并能够达成其翻译目的的译文就是好译文。在此，我们特别加入了"翻译目的"，因为在翻译市场中，特别是在中国文化"走出去"的大环境中，单纯为译文读者所接受而无法实现翻译目的的译文，也是毫无意义的，只有同时兼顾两者的译文才是真正的高质量译文。译文实现既定翻译目的的程度也必须通过译文读者的接受情况来判断。因此，译文读者是译文质量的裁判者。译文的价值和意义只有通过译文读者的阅读活动才能实现。有鉴于此，我们认为，有必要在英汉对比与翻译研究的每一环节都严格贯彻译文读者至上的观念，这也是接受美学视域下的英汉对比与翻译研究与以往的同类研究的主要差异。接受美学视域下的英汉对比与翻译研究时刻关注译文读者的期待视野及译文的接受语境，凭借对比的方法，深入探索英汉译文读者在语音、词汇、句法和语篇等语言层次上的审美趣味，比较异同，以此构建有效且易于操作的英汉互译翻译策略，切实帮助译者生产出为译文读者所喜闻乐见的译文。

（4）使得译文读者调查成为必须。

在知网上，以"译文读者调查"为主题，在时间不定的条件下，共查询到 6 条结果。仔细阅读题目发现，仅仅有两篇论文与读者接受度调查有关，分别是《中国古典诗歌英译文读者接受度调查——以王维〈鹿柴〉英译为例》（周楚等，2015）和《格律诗译文风格当代读者趋向调查分析》（张广奎，2017）。继而，我们进一步扩大了搜索范围，以"读者调查和翻译"为主题，同样在时间不定的情况下也仅仅获得 14 条结果，其中只有一篇论文与译文读者意识调查相关，该篇论文题目是《外宣翻译中的读者意识及语言可读性考察——基于 China Daily 和 Shanghai Daily 的调查与启示》（贺文照等，2018）。迄今未发现一例有关译文读者调查的研究。

读者接受度调查和译文中的读者意识调查在翻译中都是至关重要的，如果译文读者调查能够在翻译进行前完成，那么译者便能做到有的放矢、知己知彼，避免打盲目的无准备之战。遗憾的是，在翻译实践中，译者通常将多数精力投放到语言符号的转换或跨文化交际中，殊不知任何成功的交际都需要对对方做到了如指掌。如果不具体了解译文读者的期待视野以及译文的接受语境，绝不可能生产出高质量的译文，因此科学有效的译文读者调查必不可少。是该让译者在每次翻译任务执行前停笔自问将要为何种译文读者群体服务的时候了。那种只顾语言符号的转换而不问译文读者是谁的翻译实践是盲目的实践。

实施译文读者调查的手段之一就是语言对比。通过语言对比深入了解两种语言在语音、词汇、语法、句法和谋篇布局方面的异同，借此探析两种语言在民族文化、民族审美趣味、宗教、思维等方面的差异性，为继而的翻译决策奠定基础，这应是确保翻译质量的有效方式之一。

（5）巧妙借助原文的呼唤结构，为译者赢得发挥空间。

接受美学鼻祖伊瑟尔认为，所有本文都拥有一个由"空白、空缺、否定"三要素构成的"召唤结构"，阅读就是读者借助想象力，凭借自己当下的期待视野在本文"召唤结构"的引导下对"空白"进行的填充。在姚斯和伊瑟尔看来，这种"填充"过程与读者的教养、期待、理解、性情和趣味直接相关。由此可见，阅读活动其实处处充满了主观性。同理，译者对原文的理解也是如此。译者在理解原文的过程中，也会受到自己期待视野的影响，不可避免地将自己的主观性投入阅读理解中去。鉴于此，为了尽量减少主观性，最大限度地获得原文作者希望营造的美学效果和文本意义，译者应该尽可能借助原文的召唤结构提供的线索来理解原文，而不应率性从事，以便为接下来的语言转换夯实基础。

在翻译过程中，相对来说，在语言转换阶段译者具备更大的自由度。在实践中，译者可以在这一阶段根据翻译目的在一定限度内发挥自己的创造力。译者可以充分考虑译文读者的期待视野，通过对原文"空白"与"空缺"的巧妙处理实现既定的翻译目的。译者可以选择迎合译文读者的期待视野，也可以选择拓展其视野，还可以选择迎合的同时拓展译文读者的期待视野。在某种程度上，此时，对于译者来说，这是一个天高任鸟飞、海阔凭鱼跃的世界。在这个时空中，长袖善舞者定能营造出最佳的读者接受效果。

（6）为译文质量的提高与翻译策略的制定提供理论指导。

毋庸置疑，在提高译文质量和翻译策略制定方面，接受美学的理论也可以大展身手。前文业已提及，译文质量的仲裁者是读者，读者的接受情况是决定译文质量优劣最重要的指标。接受美学，作为读者接受情况的科学，其指导意义自然无须赘述。

翻译策略的制定更离不开接受美学的指导，因为制定翻译策略的目的就是提高翻译质量和实现翻译目的，它们之间唇齿相依，牵一发而动全身。由于具体价值还需根据翻译动机等现实因素来确定，我们将在以后的章节中具体阐述。

第二章

语篇美

第一节　美是什么

两千年来，如何定义"美"一直是学界的一大难题，迄今无明确答案。虽然美学学科已存在了 250 多年，但是对"美"的定义依旧众说纷纭。在界定"美"之前，先让我们遵从当代美学家叶朗的提议，将日常生活中的"美""狭义的美"和"广义的美"做一个区分。平日里，我们常说"炎炎夏日喝杯冰咖啡，真美！""周末了，我要美美地睡一觉"，这里的"美"不是美学学科领域中的"美"，而是日常生活中的"舒适"和"惬意"，是快感的不同表现，不归属于美学的范畴。"西施真是美女啊！""桂林山水甲天下。""舒伯特的《小夜曲》美极了。"这其中的"美"是"狭义的美"，即"优美"。"广义的美"包括一切审美对象，不仅涵盖优美，还涵盖"崇高、悲剧、喜剧、荒诞、丑、沉郁、飘逸、空灵等各种审美形态"（叶朗，2015）。美学学科研究的"美"就是"广义的美"。

那么，到底什么是"美"？中国传统美学认为，不存在一种实体化的、外在于人的"美"，也不存在纯粹主观的"美"，"美"在意象。意象一词最早由魏晋南北朝时期的刘勰提出，后经很多思想家和艺术家研究。中国古典美学认为，意象就是"情景相生"的产物，是情和景的内在统一。意象并非一种物理实在，也非抽象的理念世界，而是"一个完整的、充满意蕴、充满情趣的感性世界"，这个"完整的、充满意蕴的感性世界就是审美意象，也就是美"（叶朗，2009）。意蕴是以情感性质的形式所揭示的世界的意义。可见，美在意象，意象由意蕴构成，意蕴可触发人类的情感。一言以蔽之，"美"是主客观结合的产物，具有触发情感的功能。

"美"触动的是人类的情感，因此审美活动不是认识活动，而是体验活动，即"审美体验"，亦称"美感"。美感具备"现成性"，就是指通过直觉而生成一个充满意蕴的完整世界，不需要再去生产和创造。美感能够"显现真实"，就像王阳明所说的"一时明白起来"。审美体验必然要生成一个意象世界，照亮一个本然的生活世界。"显现真实"中的"真实"不是事实，而是"真"与"美"的统一。美感具备"直接性"，是当下直接的经验，是瞬间得到的直觉，是在直觉中得到的一种整体性。

叶朗指出，美感与认识不同。美感与人的生命和人生密切关联，而认识可以脱离人的生命和人生被作为独立于人的客观存在而得到研究；美感是现成的，认识需要人付出努力去探求；美感是直接的，认识须脱离直接性，进入抽象的概念世界；认识是逻辑思维的产物，是对整体的分割，美感生成一个"活生生完整的、充满意蕴的生活世界"；美感"华奕照耀，动人无际"，认识则灰色、乏味。

宇宙中美的形式具备多样性，如自然美、社会美、艺术美和科学美。自然美"在于人和自然相契合而产生的审美意象"（叶朗，2009）。社会美和自然美一样，也是意象世界，其区别在于自然美出现在自然物和自然风景之中，而社会美出现在社会生活领域，如人物美、日常生活的美、民俗风情的美、休闲文化中的美和节庆狂欢之美等。艺术美依旧是审美意象，是"情"与"景"的内在统一。与自然美不同的是，艺术是艺术家人为的创造物。艺术的创造过程就是意象的营造过程。艺术的本体就是美，从本体的意义上来说，艺术就是美。很多物理学界的大师，如彭加勒、爱因斯坦、狄拉克、海森堡和杨振宁等都认为，科学美是存在的。科学美主要体现在数学美、形式美。科学美与"真"是统一的。然而，他们也指出科学美是诉诸理智和逻辑的"理智美"，这一点似乎与自然美、社会美和艺术美出现了本质上的差异，这似乎违背了迄今美学界对"美"的性质和内涵的认知。叶朗（2009）呼吁构建一种新的理论架构，把科学美与自然美、社会美、艺术美都包含在内，彻底解决这个问题。我们认为，科学美也是审美意象，只是科学美的审美意象只有受过严格而系统的科学训练的人才能够感知而已，因此科学美也具备感性的一面。

第二节　语篇的美是什么

在回答何为语篇的美之前，让我们先来审视一下语言学界有关语篇的描述。语篇，在语言学界又称篇章。钱冠连（2006）曾经以白描的手法对语篇进行了说明，他认为，语篇就是广告、使用说明、摘录、法律文件（合同、条约、遗嘱、会议纪要）、信件、便条、独白（讲课、演说）、讲述某事件、讣告、宣言、报道（新闻报道、社论、广播报道、电视报道、科学报道）、报告（诊疗报告、天气报告）等等口头或笔头的言语活动和言语行为。王宗炎（1988）主编的《英汉应用语言学辞典》对语篇的定义如下：语篇或篇章（Text）指口头或书面语的一个单位，或短或长。一个语篇可能只有一个词，如书写在出口处的 Exit；也可能是很长的一段话或文字，如一次布道、一般小说或一场辩论。要参照上下文去理解一个语篇，才能理解得全面。语篇的功能有警告、指示或表示某种心理等等。刘辰诞等（2016）认为，"篇章"不是静止的、封闭的语言形式，而是一个言语交际事件。篇章研究不仅涉及其语言形式，更要关注与篇章交际相关的诸多因素。这些因素既包括内在的因素，如语言成分的关联、篇章结构等，也包括外在因素，如交际情景、交际者，还要包括各种因素之间的互动关系，如交际情景如何影响和制约篇章结构、交际者在文化、认知、关系亲属等方面的变化如何导致语言形式和篇章结构的变化等等。刘辰诞和赵秀凤特别指出篇章研究应该是一个具有跨学科性质的、全方位的立体工程。

从上述描述可以看出，第一，语篇就是言语，它不是宇宙中固有的客观存在，而是说话人或写话人的人造物。第二，语篇的创造离不开说话人或写话人的个人技艺。例如在传达的内容和信息相同的情况下，由于说话人或写话人表达和审美技艺的高下，其所选择和创造的言语行为和活动可能截然不同。第三，语篇本身构成一个完整的小宇宙，它要求以功能为轴心的内外部诸因素的协调与一致。

依据如上对语篇的认识，我们认为，语篇是艺术。因为它符合人们对艺术的认知。美学界对什么是艺术众说纷纭，但是至少在如下几点达成了共识。其一，艺术具备人工性。其二，艺术离不开技艺。《庄子·天地》篇："能有艺者，技也。"所有艺术品都是艺术家们依靠超凡的技艺制作出来的。其三，艺术品是一种精神产品，能够满足人们的精神需求。语篇恰好可以满足上述三个条件，因此可以说，语篇是艺术品。当然，语篇与诸如希腊雕塑等纯艺术品之间存在一定区别。前者纯粹为满足人们的审美需求而创作，而后者除了供人欣赏之外，还具备警告、指示或表示某种心理等功能。

那么，作为艺术品的语篇美在何处呢？艺术的本体是美，也就是审美意象，毋庸置疑，语篇的美也在于意象。如其他艺术品一样，语篇也能够在读者或听者面前呈现一个生机勃勃、鸢飞鱼跃的意象世界，照亮人们的生活世界。当然，值得注意的是，并非所有的语篇都是艺术。只有那些能够给语篇欣赏者带来审美意象的语篇才是艺术，因此是否能够呈现一个意象世界可以成为辨别美的语篇和负美的语篇的标准。

美的意象与美感是同一的，因此可以呈现审美意象的语篇便能够为读者或听者带来美感，使人产生"兴"的渴望。"兴"是中国古典美学中的一个概念，就是"生出美感"的意思。王夫之说："诗言志，歌咏言。非志即为诗，言即为歌也。或可以兴，或不可以兴，其枢机在此。"王夫之在此将能否"兴"作为艺术作品和非艺术作品的根本标准，其认识是颇为深刻的。

第三节　语篇美的层次结构

美的语篇是一件精美绝伦的艺术品，值得品味欣赏。从美学角度来看，语篇美至少可分为三个层次，即语言层、形式层和意蕴层。

语言层是语篇美的物质载体，是构建语篇美的材料，主要关乎语种的不同。语种与语篇意象的生成密切相关。海德格尔曾经说过："即使享誉甚高的审美体验也摆脱不了艺术作品的材料因素。在建筑品中有石质的东西，在木刻中有木质的东西，在绘画中有色彩的东西，在语言作品中有话音，在音乐作品中有声响。在艺术作品中，物因素是如此稳固，以致我们毋宁反过来说，建筑品存在于石头里，木刻存在于木头里，油画在色彩里存在，语言作品在话音里存在，音乐作品在音响里存在。"叶朗（2009）也明确指出，艺术作品的这个物的因素对意象世界的生成有重要影响。桑塔亚娜说："材料效果是形式效果之基础，它把形式效果的力量提得更高了，给予事物的美以某种强烈性、彻底性、无限性，否则它就缺乏这些效果。假如雅典娜的神殿不是大理石筑成，王冠不是黄金制造，星星没有火光，它们将是平淡无力的东西。"

此外，艺术作品的"物的因素"还会给予观赏者一种"质料感"。不同的质料所营造的气氛、韵味和氛围是截然不同的。以英汉语篇为例，由于英语和汉语在语音、词汇、句法、语法和谋篇布局等因素上有着相当大的差异，因此英汉语篇赋予语篇欣赏者的"质感"会截然不同。英语语篇朗读起来总是令人联想起游牧民族的爽朗和豪气，而汉语语篇则充满了农耕的平和与安逸。

形式层和语言层紧密关联。形式层建立在语言层的基础上，但超越语言层，成就了一个完整的意象世界。语篇中的音韵、节奏、声响、句式和谋篇布局所呈现的都是"形式美"，它与语篇的意义和信息无关。《西厢记》中红娘在叙述张生和莺莺的相思之苦时，曾经一口气使用了八个由"一个"打头的句子，营造出"风吹落花，东西夹堕"般整齐的节奏之美，对于张生和莺莺之间的爱情的渲染起到了推波助澜的效果。

一个价愁糊突了胸中锦绣，一个价泪揾湿了脸上胭脂。憔悴潘郎鬓有丝；杜韦娘不似旧时，带围宽过了瘦腰肢。一个睡昏昏不待观经史，一个意悬悬懒去拈针指；一个丝桐上调弄出离恨谱，一个花笺上删抹成断肠诗；一个笔下写幽情，一个弦上传心事：两下里都一样害相思。

雪莱的《西风颂》（Ode to the west wind）这首诗的格律和韵律美得无与伦比，特别是其中的押头韵（例如：wild West Wind），堪称形式美的典范：

O wild West Wind, thou breath of Autumn's being,

Thou, from whose unseen presence the leaves dead

Are driven, like ghosts from an enchanter fleeing,

Yellow, and black, and pale, and hectic red,

Pestilence-stricken multitudes：O thou,

Who chariotest to their dark wintry bed

The winged seeds, where they lie cold and low,

Each like a corpse within its grave, until

Thine azure sister of the Spring shall blow

Her clarion o'er the dreaming earth, and fill

（Driving sweet buds like flocks to feed in air）

With living hues and odours plain and hill：

Wild Spirit, which art moving everywhere；

Destroyer and preserver, hear, oh hear!

意蕴层是语篇美的第三个层次。语篇的意蕴指语篇读者或听者在语篇欣赏过程中的感受和领悟。这种感受和领悟不是逻辑判断的结果，而是语篇欣赏者的感性直觉的产物。意蕴蕴涵在意象世界之中，是在语篇欣赏过程中一个个活生生的欣赏者头脑中生成的意义，因此意蕴具备多义性、宽泛性、不确定性与无限性（叶朗，2009）。王夫之在评论诗歌时常常赞扬诗歌的"宽于用意"即是此意。语篇也是如此，美的语篇也应该能够"动人兴观群怨"，从而丰富语篇的美感。影响意蕴生成的因素很多，如时代、阶级、世界观、人生经历、文化教养、审美能力、审美经验、审美眼光、审美时尚等等。因此西方人总是喜欢说"说不完道不尽的莎士比亚"。美的语篇具备一种阐释的无限性和美感的丰富性。

第三章

美学语言学与接受美学视域下英汉语篇比译研究理论基础

第一节　美学语言学与接受美学的理论渊源

2004 年 12 月，《美学语言学——语言美和言语美》的出版标志着美学语言学的横空出世。从此，语言学界一改"义得而言丧"的传统，不再仅仅将语言视为交际的工具，而将之作为宇宙天地中一个不可方物的审美对象来品味、欣赏。"语言之于人，不仅有用，还在于它有美的吸引力"（钱冠连，2006）。总之，语言不仅具备审美属性，还可充当审美对象。

当然，美学语言学并非凭空而来，其酝酿过程离不开克罗齐（Krzeszowski）、萨丕尔（Sapir）、王允和刘勰等中外大师美学思想的陶染。事实上，早在 1902 年，意大利美学家克罗齐在《作为表现的科学和一般语言学的美学》的第一部分《美学原理》中便提出了"美学、语言学重合论"，他宣称："美学与语言学，当着真正的科学来看，并不是两事而是一事"。萨丕尔深受克罗齐的启发，指出："每一种语言本身都是一种集体的表达艺术，其中隐藏着一些审美因素"。德国拉丁语族语言学家卡尔·福斯列尔也将语言看作精神创造的产物，他在《语言学中的实证主义和唯心主义》一书中说到，"由于语言的创造性质，语言应看成是美学因素"。Krzeszowski（1984）在《美学的历史》中振臂高呼："被洪堡特开创的语言学概念的根本更新应在更精细的学科即诗学、修辞学和美学那里引起反响，并应在改造它们的过程中统一它们。"

我国学者对语言美的认识并不晚于西方，甚至更早。早在汉代，哲学家王允在《论衡·自纪篇》中就曾提及："口则务在明言，笔则务在露文。高士之文雅，言无不可晓，指无不可睹……夫文由语也，或浅露分别，或深迂优雅，孰为辩者？"。王允从美学的角度指出对文章创作的要求，即浅层需明了，而深层则要"优雅"，要努力引起读者的美感。南北朝文学理论家刘勰在《文心雕龙》中总结了言语形式美的规律，探求了言语美的构建策略，即"异音相从谓之和，同声相应谓之韵。"他还将语言分为形文、声文和情文三大类，是对古汉语审美特征的高度概括。

当代美学大师朱光潜也曾谈及言语中的美学问题，他说："段落的起伏开合，句的长短，字的平仄，文的骈散，都与声音有关……说话时，情感表现于文字意义的少，表现于语言腔调的多……读有读的道理，就是个字句中抓住声音节奏，从声音节奏中抓住作者的情趣、气势或神韵……我读音调铿锵、节奏流畅的文章，周身筋肉仿佛做同样有节奏的运动，紧张，或是舒缓，都产生出极愉快的感觉，如果音调节奏上有毛病，我的周身筋肉都感觉局促不安，好像听厨子刮锅似的。我自己在作文时，如果碰上兴会，筋肉方面也仿佛在奏乐，在跑马，在荡舟，想停也停不住。如果意兴不佳，思路枯涩，这种内在的筋肉节奏就不存在，尽管费力写，写出来的文章总是吱咯吱咯的，像没有调好的弦子。我因此深信节奏对于文章是第一件要事……语体文必须念着顺口，像谈话一样，可以在长短、轻重、缓急上面显出情感思想的变化和生长……你须把话说得干净些，响亮些，有时要斩截些，有时要委婉些。"近代和现代，严复提出了"信达雅"的翻译质量评估原则，其中"雅"就归入了审美层。

我们认为，上述论述至少为钱冠连带来如下启示：第一，讲究语言的形式美是必要的；第二，语言的形式美与人的生理、心理密切相关；第三，一般的言语行为中也有美学问题的存在。钱冠连正是受此启发，开启了美学语言学之旅，他在《美学语言学——语言美与言语美》一书中明确声明："从某种程度上来说，美学语言学就是语言学在美学那里引起的反响"。一言以蔽之，援引知名语言学家徐盛桓教授的话，"美学语言学既是美学，也是语言学。"

钱冠连在其《美学语言学——语言美和言语美》中开章明义地指出，"美学语言学是研究语言的审美属性、研究日常言语活动和言语行为，既作为交际活动又作为审美活动时的特点和规律的学科。它是美学与语言学的交叉学科。"因此，美学语言学的研究对象就是语言的审美属性、日常口头和书面的言语里的美、人们创造和欣赏言语美的特点和规律，以及言语的丑（为了变丑为美）。美学语言学的两个支柱理论就是言语美的特征和规律与语言各层次的审美选择。"美学语言学的任务就是阐明整体意义上的人如何按照美的规律来建造语言体系和个别人如何按照美的规律来建造自己的言语。具体地说，它要揭示口头的或书面的言语活动和言语行为如何获得和如何表现出美学价值的普遍规律；揭示人在构建语言体系及各种部件时，顽强表现出来的审美选择意识及所体现出的审美选择的规律，揭示语言作为民族审美观念的载体的方式与规律；最后，它还应该揭示语言这个小宇宙和自然大宇宙形成和谐统一关系的方式和规律，揭示人对语言的审美干涉"（钱冠连，2006）。

接受美学是在阐释学与现象学的基础上产生的，前者的代表人物是海德格尔和加达默尔，后者的代表是罗曼·英迦登。阐释学来源于中世纪对《圣经》的理解与阐释，那时人们孜孜以求的是对上帝话语的准确解读。直至19世纪，阐释学才用于对意义进行解释，成为有关意义诠释的理论与哲学。阐释学大致可以分为古典阐释学与现代阐释学。以弗莱德里希·施莱尔马赫、狄尔泰等为代表的古典阐释学认为本文的意义是固定存在并有效的，而以海德格尔和加达默尔为代表的现代阐释学则认为对于本文来说，不存在任何固定而有效的意义。

　　海德格尔对现代阐释学的贡献颇大，他提出了动态理解观，认为理解是一种过程，不是一成不变的，过程变化了，理解随之变化。他还提出了"前理解"的概念，认为理解受到"前理解"的制约。"前理解"即人们的偏见和一些先入为主的观点，大体由"预先有的文化习惯""预先有的概念系统"和"预先有的假设"构成（姚斯等，1987）。

　　加达默尔发展了海德格尔的观点，指出理解的主体与客体均存在于历史当中，理解随历史的发展而变化，不存在固定不变的理解。加达默尔强调在解释过程中注重自身的历史性，认为理解本身具备历史的有效性，因此，他认为解释学即"效应史"。社会历史因素、理解对象的历史构成和受到社会历史因素制约的价值观念共同构成了"前理解"。正是此种"前理解"造成人们对事物的理解总是存在一些先入为主的偏见。加达默尔进一步阐明有些偏见是合理的，正是这些合理的偏见辅助而非阻碍了理解。加达默尔解释道："我们存在的历史性产生着偏见，它实实在在地构成我们全部的体验能力的最初直接性。偏见即我们向世界敞开的倾向性"（斯宾诺莎，1992）。由此，加达默尔提出了动态视野观。"视野"这一术语是德国哲学中的一个常见概念。伽达默尔认为它是一个"处境概念"，是"看视的区域"："这个区域囊括和包容了从某个立足点出发所能看到的一切。把这运用于思维着的意识，我们可以讲到视域的狭窄、视域的可能扩展以及新视域的开辟等"（斯宾诺莎，2007），视野决定性地决定着我们的经验与观察的范围和强度。加达默尔认为视野随着历史、位置等因素的变化而变化，视野在不断交融中发展，"理解活动乃个人视野与历史视野的融合"（斯宾诺莎，1992），现在视野与历史视野交融形成新的视野，继而完成理解。进一步来说，加达默尔认为理解是视野与本文双向互动的结果，视野生产性地作用于本文，本文可以修正视野，从而产生理解。更准确地说，加达默尔实际上认为理解是现在视野与历史视野交融形成的新视野与本文之间双向互动的结果。

　　除了视野，加达默尔还提出了一个极富解释力的概念，那就是应用，这一概念被现代阐释学界广泛引用。此应用非同一般意义上的应用，加达默尔将之解释为"过去与现在﹑你与我之间的调解"（姚斯等，1987）。

正是基于理解的历史有效性和融合视野等概念，加达默尔将理解定义为"对话"。"对话"就是解释者在本文内容启发下遵循着本文内容的暗示方向不断提问和不断自答并在此过程中，不断超越本文的历史视野，而使之与解释者的当下视野交融，最终亦改变解释者的视野，这就是"对话"。所以，理解就是"参与本文与我们之间进行交流的问题"（朱立元，2004）。

加达默尔将艺术品视为一种"历时性"存在，他提出了"为观者为存在"的观点。他指出艺术作品只有"由正在观赏者出发，而不是由作为该作品的创造者而被称为该作品的真正作者的人，即艺术家出发，游戏才获得了其游戏规则""不涉及接受者，文学的概念根本就不存在"。加达默尔就把读者、读者的阅读活动，以及读者固有的历史性纳入文学艺术作品中。

汉斯·罗伯特·姚斯的观点主要来源于海德格尔和加达默尔的现代阐释学。姚斯关注社会语境对文学理解的影响，聚焦于理解的集体性（周来祥等，2011），他所提出的"期待视野"和"效应史"等核心概念均来自加达默尔。

罗曼·英迦登师从现象学鼻祖——胡塞尔，他的贡献在于运用现象学的方法和概念来分析和研究文学作品，提出了文学作品的"四层次结构说"，即"文艺作品是由语音现象层、意义单元层、再现的客体层、图式化外观层四个异质的层次构成的一个整体结构，是一个图式化构成物"。其再现客体层次包含着很多的"不定点"，需要读者予以具体化和重构，才能成为读者的审美对象，实现其艺术价值（周来祥等，2011）。英迦登解释了"不定点"产生的原因，首先，他认为一部文学作品在描写某个对象或对象的环境时，无法全面地说明，有时也并未说明这个对象具有或不具有某种性质﹒每一件事物，每一个人物，尤其是事物的发展和人物的命运，都永远不能通过语言的描写获得全面的确定性。我们不能通过有限的词句把某个对象的无限丰富的性质表现出来。其次，英迦登一贯认为艺术作品不要求对描写对象做穷尽式描述，应该有意留下空白，才能为读者提供想象的空间，增进作品的审美价值。所谓"具体化"就是对艺术作品空白的填补和对"不定点"的重构，这就是读者的审美或欣赏活动，也是再创造过程。

英迦登认为在对艺术作品"具体化"的过程中，应该充分考虑文学作品的图式化结构，努力接受作品提供的暗示，而不是随意选择什么外观，而是现实化由作品暗示的外观，否则就会造成对本文的误读和偏离，"也就是说读者在具体化作品时，不要偏离作品所提供的图式化结构，只有和作品提供的图式化结构相一致，才能正确地具体化文学艺术作品。"（周来祥等，2011）

接受美学的另一泰斗，沃尔夫冈·伊瑟尔主要获益于罗曼·英迦登的现象学，其"未定化"和"具体化"等概念就是受到现象学的启发而确立的。与姚斯不同，伊瑟尔倾心于具体的阅读过程，他乐于观察意义是如何在阅读过程中呈现的，因此，他更关注本文与读者之间的交互作用，更加强调读者的能动性在理解中的作用。

最终，20世纪60年代，姚斯发表了《文学史作为向文学理论的挑战》一文，标志着接受美学作为一种文学理论正式诞生。事实上，所谓接受美学，顾名思义，就是研究读者与阅读接受的科学。其初衷是建立一门完善的文学史，在此过程中，姚斯逐渐意识到读者的中心地位，从而提出："在这个作者、作品和大众的三角形之中，大众并不是被动的部分，并不仅仅作为一种反应，相反，它自身就是历史的一个能动的构成。一部文学作品的历史生命如果没有接受者的积极参与是不可思议的"。接受美学肯定了读者的能动性，认为"一部文学作品是作者和读者共同完成"（刘小燕等，2017）。

众所周知，19世纪以前，西方文论的重点在于作者，文学评论的内容基本上是对作者生平与观点的表述；20世纪初叶，西方文论的重点逐渐转移至作品；20世纪中叶，随着接受美学的兴起，西方文论在关心作品的同时，更加关注读者的接受情况，提出了"走向读者"的口号，标志着文学理论从客性、绝对、唯一到主观、相对和多元的重大转变，具有重大的理论价值和意义（周来祥等，2011）。然而，需要指出的是，迄今为止接受美学尚未形成自己完整的理论体系，但是它所提出的观点和核心概念是独特而鲜明的。

从"作品"到"读者"的视角转换具备颠覆性的意义，可以称之为文学研究领域的一场革命。然而，接受美学也具备其明显的局限性，即过分强调"读者"的作用，贬低了"作者"与"本文"在作品中的地位，导致研究过于主观和不确定。这是我们在应用接受美学理论时使所应克服和清醒认识的。毕竟，一部伟大的作品离不开作者、本文和读者之间的双向互动，单纯地以读者为标准来判断一部作品的价值和意义不免矫正过枉，有失偏颇。此外，接受美学的读者不是指读者的集体，而是指每个个体差异显著的单个读者，这使得作品的评判变得越发扑朔迷离、片面狭隘，这些都构成了接受美学的局限性。

第二节　美学语言学与接受美学的核心概念

 ## 何为言语美

语言具备审美属性，言语中也必然蕴含美。美的言语"表现出人们按照美的规律建造语言的种种努力和后果"（钱冠连，2006）。钱冠连指出，"适耳适目""适意适情"的言语就是美的言语。"语言美的直接的表层的显现就是言语美"（钱冠连，2006）。需要指出的是，钱冠连创立的美学语言学关注的是日常生活中真实话语的言语美，而非文学作品中的对话，因为钱冠连认为后者隶属文艺美学的研究范畴，只有前者才划归美学语言学。然而，"美学语言学和接受美学共同观照下的英汉语篇对比与翻译研究"跨越了美学语言学的研究范畴，将对文学作品中言语美的研究也纳入囊中，因为我们认为，文学作品中的言语美也符合言语美的定义，也是普遍意义上的人按照美的规则创建的，从美学视角来审视，其与日常生活中真实话语的言语美并无二致。

钱冠连将言语美的基本品性概括为两点，一是"说话人在恰当的语境中选择了恰当的话语，即话语的安排既适合社会背景又适合语篇背景（上下语、上下文）"；二是"说话人在语言形式上选择了优美的音韵和适当的节奏，选择了符合形式美法则的言语表达实体"（钱冠连，2006）。

 言语美的层次结构

从钱冠连对言语美的定义可以看出，言语美同时关乎言语的内容和形式两部分，缺一不可。事实上，形式美是言语美表现出来的第一个层次，其特点就是音韵节奏的"齐一与变化、对称与均衡"（钱冠连，2006）；内容美是言语美表现的第二个层次。在这一层次中，形式美暂时"隐退"，"传达出来的是意象，引出的是意象美"（钱冠连，2006）。

何为语言的审美选择

言语，作为一种人工创造物，必然会带有人类审美的印记，表现出人类顽强的审美选择。语言的审美选择指言语主体为了在实用和审美目的上实现最佳效果，从美的意图出发，在一组具备细微差别的语言成分中，向着恰当和贴切无穷靠近时所做的选择（钱冠连，2006）。语言的审美选择涉及七个次级概念，即符号的审美选择、渠道的审美选择、语体的审美选择、交际类型的审美选择、言语行为的审美选择和语篇的审美选择。

符号的审美选择是语言使用人面临的第一个层次的审美选择。可供进行审美选择的符号包括身姿、面相、目光、听说双方接触状况、衣着、饰物、静默、手势、信号、记号等等，这是一个开放性的系列（钱冠连，2006）。

渠道的审美选择是语言的审美选择的第二个层次的抉择，可供选择的传达渠道有口说、笔写、邮件、传真、大众媒体（报纸、期刊、著作、广播、电视、电影）等。

语言变体的审美选择涉及对全国标准语、社会方言、完备语码、局限语码、隐语、黑话、俚语、行话等。

语体的审美选择包括对正式程度、使用古词古文、陈词老调、讲究词的搭配、套话、公式化用语、成语、谚语等的选择。

交际类型审美选择就是在恶意滥用语言、广告、辩论、描述、评价、感叹宣泄、幽默、教练、语言游戏、工具性语言、说服、宣传、典礼仪式等等类型中，根据审美和实用的双重目的进行的选择。

言语行为的审美选择就是在陈述性或描述性言语行为、承担性言语行为、指示性言语行为、表情性言语行为和宣告性言语行为当中出于审美意识进行的选择。

语篇的审美选择涵盖宏观和微观两大维度，其中微观部分涵盖语音、词汇、句子和语法等的审美选择；而宏观部分，则涉及语篇的谋篇布局等句子以上层面的审美选择。事实上，我们认为，语篇的审美选择也涉及符号的审美选择、渠道的审美选择、语体的审美选择、交际类型的审美选择、言语行为的审美选择几个方面，因为毕竟语篇的物质载体是语言，语言是构建语篇的建筑材料，所以语篇的审美选择与语言的审美选择的其他子概念之间息息相关、不可分割。

四　何为期待视野

期待视野是姚斯接受美学理论中最核心的概念，姚斯给期待视野所下的定义就是"阅读一作品时读者的文学阅读经验构成的思维定向或现在结构"，也就是阐释学中的"前理解"，即读者具备的一些先入为主的观念。它是一种"潜在的审美期待"，对于文学作品的理解具备重大意义。按照姚斯的话来说：

"一部文学作品，即便它以崭新面目出现，也不可能在信息真空中以绝对新的姿态展示自身。但它却可以通过预告、公开的或隐蔽的信号、熟悉的特点或隐蔽的暗示，预先为读者提示一种特殊的接受。他唤醒以往阅读的记忆，将读者带入一种特定的情感态度中，随之开始唤起'中间与终结'的期待，于是这种期待便在阅读过程中根据这类本文的流派和风格的特殊规则被完整地保持下去，或被改变、重心定向，或讽刺性地获得实现"（朱立元，2004）。

期待视野大体上包括三个层次：文体期待、意象期待、意蕴期待。这三个层次与艺术作品的三个层次是相对应的。简单地说，"期待视野"就是接受者以往鉴赏中获得并积淀下来的对作品特色和审美价值的认识理解。

接受者的"期待视野"不是一成不变的。每一次新的鉴赏实践，都要受到原有的"期待视野"的制约，然而同时又都在修正拓宽着"期待视野"。因为任何一部优秀的作品都具有审美创造的个性和新意，都会为接受者提供新的不同以往的审美经验（参见网络）。鉴于期待视野受到读者阅读经验、所处时代、审美品位、审美趣味、知识储备、价值观念、政治倾向等等多种因素的影响，因此随着这些影响因素的变化和发展，期待视野也会一同变化。这一方面使得读者与作品之间的关系更为复杂化，另一方面也能够不断提高或降低读者的期待视野（周来祥等，2011）。在姚斯看来，期待视野构成作品生产和接受的框架，对它的重构可以拓宽认识范围。动态的期待视野观使得对期待视野的培育和培养成为可能。

五 何为召唤结构

接受美学认为意义从阅读中产生。伊塞尔特别区分了本文与作品，指出本文是未经阅读的作品，而作品业已通过阅读经过了读者的再创造，融合了读者的审美活动，其意义经过读者的欣赏和阅读已经得以实现，意义从阅读中产生，这是接受美学的逻辑起点（周来祥等，2011）。受英迦登的现象学影响，伊塞尔认为本文拥有一个"召唤结构"，即现象学中的"图式化的结构"，它是由"空白""空缺"和"否定"三个要素构成的。"空白"就是本文中未明确表述的，通过暗示或提示向读者呈现的部分，起到激发读者想象力的作用。根据伊塞尔的表述，"空缺"是在由词、句构成的虚拟世界中，"不同焦点的图景片段之间必然出现的空白"就是空缺，"空缺只能由读者的具体阅读活动才能产生，它不再受制于作者所创造的空白的限制，是读者和本文之间相互作用的结果"（周来祥等，2011）。至于"否定"，伊塞尔认为，多数本文无论在内容或形式上均或多或少地对读者的期待视野进行挑战，越是优秀的本文越趋于"打破"旧的秩序和习惯，突破读者的期待视野，从而营造出新的视野，振奋读者的精神，这就是"否定"。"空白""空缺"和"否定"三要素构成的召唤结构召唤着读者对其空白进行填充，从而实现本文的意义和价值，使其成为一部令人拍案称绝的作品。

　何为隐含的读者

所谓"隐含的读者"是一类仅仅存在于作者想象力之中的读者，他们依从于本文的召唤，同时也具备再创造的能力，影响本文意义的实现。无论是召唤结构，还是隐含读者，伊塞尔都在竭力阐明一个观点，那就是阅读产生意义，阅读是作品诞生的必要条件。

第三节　美学语言学与接受美学视域下英汉语篇比译研究理论框架

正如"第一章　绪论"所述，美学语言学与接受美学视域下的英汉语篇对比与翻译研究隶属应用对比语言学的范畴。一直以来，应用对比语言学是以普通语言学理论为指导，迄今为止成果有目共睹。我们在课堂上通常所听到的"英语是综合语，汉语是分析语"，"汉语重意合，英语重形合"，"汉语句式多主动，英语句式多被动"，"汉语多重复，英语常使用替换方式来避免重复"等表述，均是以普通语言学理论为指导的英汉对比的研究成果。这些成果对英汉互译实践以及英语教学起到了重要的指导作用。然而，随着认知语言学的发展，我们逐渐认识到此种研究的局限性，那就是它完全将英汉两种语言视作独立于说话人或写话人的客观存在，忽视言语创造者在言语创建过程中的主观能动性，这显然在一定程度上违背了客观事实。我们还发现，在以往的英汉对比与翻译研究里，存在一些认识不清的地方。例如学界一直认为英汉对比研究就在于为英汉互译策略的制定寻找依据，而有效的英汉互译策略一定建立在英汉语言差异性，而非英汉语言各自特点的基础之上（似乎译文构建就是对两种语言差异性的有效跨越，而非是构建出符合目的语特点并为目的语读者所喜闻乐见的译文）。此外，在以往的英汉对比与翻译研究中还存在一个隐含的简单逻辑，那就是翻译是翻译，传播是传播，翻译与传播互不相干，翻译是为了翻译而翻译（Translation for the sake of translation）。译者们宛若各自在唱一出出自娱自乐的独角戏，他们深深陶醉其中而将观众（有时或是读者）置之度外，甚至根本忘记了他们的存在。

然而，随着当下"一带一路"倡议的提出以及"文化走出去"国家战略的实施，传播效果的好坏被放置在一个前所未有的重要位置上。译者们的"自娱自乐"再也行不通了，"观众"（有时或是读者）才是上帝。只有那些以读者喜闻乐见的方式创建的译文才能为读者所悦纳，继而在读者群体中广泛传播，真正实现翻译的初衷。离开对译文读者和译文传播效果的考量，单纯关注译文质量的做法是有失偏颇的。翻译应该兼顾传播，而传播应该重视读者。

有鉴于此，我们尝试以美学语言学和接受美学理论为指导，广泛探寻语篇构建者在语篇创造过程中的审美选择，展开英汉语篇对比与翻译研究，以期彰显言语创造者的作用，同时秉持"目的语读者至上"的原则，充分重视译文的传播效果，切实提高英汉 / 汉英语篇翻译质量。下文中，我们将详细介绍美学语言学和接受美学在本研究中的方法论指导。

美学语言学可以为本研究中英汉语篇对比研究部分提供共同对比基础。具体来说，美学语言学的核心概念——"语篇的审美选择"，可以作为本研究中英汉语篇对比描述的共同出发点或参照点。其理由是显而易见的，首先，"语篇的审美选择"是英汉语篇构建过程中语篇创造者不可避免地、有意或无意地在许多同义成分中根据各自的审美趣旨而进行的抉择，而这种选择性决策在英汉语篇构建实践中是一种普遍现象，因而可以作为对比研究的共同对比基础。其次，"语篇的审美选择"是语篇创建者的人为之举，它有效地将作为人的语篇创造者与作为物的语篇密切关联起来，彰显了言语创造者的重要作用。此外，由于"语篇的审美选择"与语篇创建者的审美趣旨戚戚相关，而审美趣旨具备民族性，鉴于英汉两种语言不啻天渊的差异性，因此可以初步推断，从"语篇的审美选择"出发所进行的英汉语篇对比研究定能令人仰取俯拾，有所斩获。一言以蔽之，"语篇的审美选择"是一个科学而合理的共同对比基础。

"语篇的审美选择"既是语内对比基础，也是语外对比基础；既能辅助语篇的形式对比，也支持语篇审美功能的对比。根据 Ellis（1966）和 Krzeszowski（1984）的研究，参考许余龙（1992）的描述，对比基础大致可以分为语外对比基础与语内对比基础两大类。语外是指与语言发生联系的外部因素，如语言的语音实体、语言的文字实体、语言环境和交际情景等。而语内则是指与语言本身的内部组织结构有关的一些因素，如语言的内部组织机制。对比描述可以从形式和功能两个角度来展开。在本研究中，凭借"语篇的审美选择"，我们可以进行英汉语音审美选择、词汇审美选择、语法审美选择以及语篇谋篇布局的审美选择等语言实体的语外对比，也可以展开语篇内部的组织机制如衔接和连贯的审美选择的语内对比，更能够进行语言形式和审美功能的对比描述。我们还可以进一步探索语篇的审美选择与民族审美观念、审美趣旨之间的联系。此外，也可以进行语篇意象的对比研究。衔接和连贯的审美选择，以及语篇意象研究是美学语言学未有涉及的方面，是本研究意欲拓展的领域，因为我们期望通过探索英汉语篇在意象营造方面的差异性，从而为英汉语篇互译，并继而为中华文化走出去提供参考。

接受美学的观点无论是对本研究中英汉语篇对比，还是翻译策略的制定均具备指导意义。首先，接受美学理论让我们明确了本研究中英汉语篇对比的研究目标与任务，那就是高举"读者至上"的旗帜，从读者的角度出发，广泛探寻英汉读者所交口称誉的语音、词汇、语法、句式和语篇的谋篇布局的审美选择方式，为下一步英汉语篇互译策略的制定奠定基础。当然，既然是英汉语篇对比，对比研究必不可少。然而，需要指出的是，此处对比的终极目标不是为了寻找差异性，而是为了凸显英汉两种语言在语篇构建不同层次中的特点。寻找不同点不是目的，目的是彰显英汉语篇各自的独特之处，从而为构建地道的英汉译文语篇提供依据。其次，接受美学理论使我们明确了翻译的初衷——传播，即在目的语读者群中有效传播原文语篇所要传达的信息，让这些信息深入译文读者的头脑，成为译文读者认知的一部分，从而使得原文语篇信息能够切实"走出去"。第三，制定出能够帮助原文语篇信息在目的语国有效传播的英汉互译策略。以往翻译策略制定的宗旨就是帮助译者生产出符合目的语语言特色的地道的译文，而本研究中翻译策略制定的目标是辅助有效传播，与以往的思考略有不同。

为了更加清晰地展示以往英汉对比与翻译研究同"美学语言学和接受美学共同观照下的英汉语篇对比与翻译研究"的理论框架，现以图标形式予以展示，如图 3-1、图 3-2 所示。

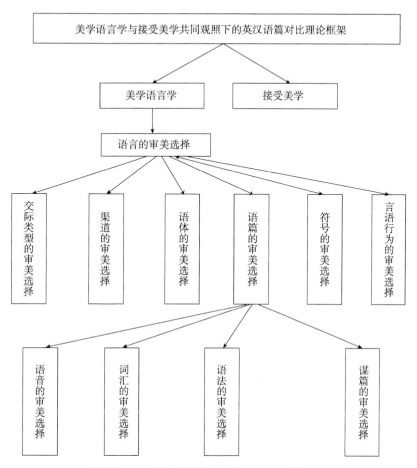

图 3-1　美学语言学与接受美学共同观照下的英汉语篇对比理论框架

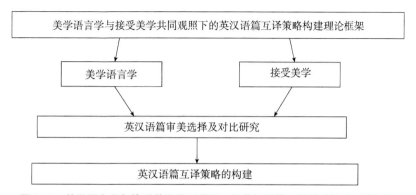

图 3-2　美学语言学与接受美学共同观照下的英汉语篇互译策略构建理论框架

第四章

美学语言学与接受美学视域下英汉语篇语音层面比译分析

第一节　语音与语音的审美选择

语音是人类发音器官振动形成的。人类的发音器官可分为呼吸器官、喉头、声带、咽腔、口腔和鼻腔。其中，呼吸器官呼出气流，是语音的动力源，气流引起喉头和声带的振动发出声音。咽腔、鼻腔和口腔是共鸣器，能够扩大音量。多种多样的声音主要依靠口腔内的诸器官来合作完成（黄伯荣等，2019）。

国际著名认知语言学大家 Steven Pinker 曾经将语音比喻为一条由气息构成的河流，可以在口腔和喉头肌肉的制约下形成一个个蜿蜒曲折、清浊高下的弯道（Pinker，2015）。黄伯荣等（2019）从语音学的角度定义了语音，他们认为，语音是人类发出的具有词句意义的声音。然而，声音和意义之间本无必然的联系，其关系是由操同一种语言的全体成员约定俗成的（黄伯荣等，2019）。

与自然界的一切声音一样，语音也具备音高、音强、音长、音色四要素。音高通常取决于发音器官振动的快慢；音强与振动的幅度相关；音长就是振动的时间；音色取决于发音部位、方法和共鸣器的形状。音高、音强和音长统称为超音色成分。

语音也有乐音与噪音之分。从物理学角度来讲，乐音能形成周期性出现的重复波形的音波，而噪音则不能。乐音通常令人感觉心情舒畅、内心愉快；噪音让人心生厌恶、烦躁不安。但是，需要注意的是，在实际生活中，乐音与噪音是一组相对的概念。例如，夏日午后邻家帅哥浑厚的说话声对他的女友来说是乐音，对午睡未醒的我来说，就是噪音。

从音色来看，最小的语音单位是音素。音素有辅音和元音之分。气流受到发音器官的阻碍而形成的音素叫作辅音；发音时，肺部发出的气流未受到发音器官的阻碍而形成的音素称作元音。从构成来看，元音可进一步划分为单元音和双元音。依据发音部位的不同，元音还可分为前元音、中元音和后元音。辅音根据发音的清亮与清晰程度，可以划分为清辅音和浊辅音。按发音部位，辅音可分为唇音、双唇音、唇齿音、舌尖音、齿音、卷舌音、齿龈音、齿龈后音、龈颚音、舌面音、硬颚音、唇硬颚音、软颚音、唇软颚音、小舌音、舌根音、咽音、会厌音和喉音（参见《新华字典》）。

音节是由音素构成的听话时自然感到的最小的语音单位，是由一个或一个以上的辅音与一个或一个以上的元音配合形成的。每发一个音节时，发音器官的肌肉就明显地紧张一下。在汉语中，通常，一个汉字就是一个音节。例如，"朋"是一个音节，"友"是一个音节。在英语中，一个词可以由一个或者一个以上的音节构成。例如 friend, dog, cup, rose, scene, sky, rain 都是由一个音节构成的，translation, solution, beautiful 是由三个音节构成的。

声调就是调值，汉语的声调分为阴平（1 声）、阳平（2 声）、上声（3 声）、去声（4 声）。在古代汉语中，1 声和 2 声为"平声"；3 声和 4 声为"仄声"。所谓"仄"，就是"不平"的意思。英语无声调变化。

说话或朗读时，句子有停顿。停顿是指段落之间或语句中间喉头出现的自然间歇，称为"语法停顿"。为了强调某一观点或感情而在句中所做的停顿成为"逻辑停顿"。吐字的快慢称作语速，一般来说，语速快，停顿就少。语速对于表达不同的情感至关重要。

语句中念得比较重，听起来特别清晰的音叫作重音。那种按照语法

结构的特点而重读的，叫"语法重音"，为了突出主要思想或者强调剧中
的特殊感情而重读的，叫"逻辑重音"。重音与句意紧密关联。请尝试变换重
音来朗读如下汉语句子：

　　＊春天到了！小草绿了。

　　＊我知道你会唱歌。

　　＊你来不来，我无所谓。

英语中，每个单词都有主重音和次重音之分。而汉语的重音，都是针对
句子而言的。在英语中，如果单词的重音读错了地方，有时词性或者词义就
会发生变化。例如：research，desert。

句调是指整句话的音高升降的格式，是语句音高运动的模式。汉语的句
调包括升调、降调、平调和曲调。而英语的句调仅有声调和降调。请观察并
朗读下面的句子：

　　玉春没等子敬说出男子胆大的证据，发了命令："都给我出去！"

——《同盟》，老舍，1933

　　天一来看他。"干什么玩呢，子敬？"

——《同盟》，老舍，1933

　　我不恨妈妈了，我明白了。不是妈妈的毛病，也不是不该长那张嘴，
是粮食的毛病，凭什么没有我们的吃食呢？这个别离，把过去一切的苦
楚都压过去了。

——《月牙儿》，老舍，1935

美学语言学的开创者，我国著名的语用学家钱冠连教授（2006）曾这么
评价语音之美："声音世界具有一种魅力。有节奏、旋律、能押韵的声音悦耳
动听。人说话能接近音乐的声音。"英汉两种语言都具备音乐的特质。从声音

来看，它们都是以时间为基轴通过音素的延展而构成的。音素体现出不同的生命状态与音质效果，同音符一样具备无穷的张力；语调有规律的高低错落形成了节奏；声音的律动变化构成了旋律。可以说，两种语言与音乐都具备同质性。

至此，语音和语音的性质大致明确了，那么何为语音的审美选择呢？钱冠连（2006）认为，说话者说话时在迎合自己生命动态平衡需要的同时，希望引起舒心悦耳的美感，是从美的意图出发并选择美的语音形式来构建的，这就是语音的审美选择。具体来说，语音的审美选择就是说话（写话）过程中，说话人（写话人）为了营造语音美而在音高、音强、音色、音长、音素、声调、语速、重音和句调、节奏、旋律和韵律等方面进行的刻意性选择，而选择的依据就是语境。

语音的审美选择具备明显的个体差异性、地方性和民族性。试品味如下作家的散文节选，感受其个体差异性。

> 我不是花儿人（英文是 Flower Child，嬉皮士的一种称谓），也不是传统派，不要说我属于上层、中层社会，或者下层社会，我一生最怕团体，和被人分门别类。我很少写文章，也很多时候不满意自己的文章，有一回被人称为女作家，还用斗大的字印出来，令我自己恼了自己半天，掷笔什么也不写了几个月，我不喜欢被称为自己不配称的东西。
>
> ——《懒洋洋的下午》，林燕妮，2009

暖国的雨，向来没有变过冰冷的坚硬的灿烂的雪花。博识的人们觉得他单调，他自己也以为不幸否耶？江南的雪，可是滋润美艳之至了；那是还在隐约着的青春的消息，是极壮健的处子的皮肤。雪野中有血红的宝珠山茶，白中隐青的单瓣梅花，深黄的磬口的蜡梅花；雪下面还有冷绿的杂草。蝴蝶确乎没有；蜜蜂是否来采山茶花和梅花的蜜，我可记不真切了。但我的眼前仿佛看见冬花开在雪野中，有许多蜜蜂们忙碌地飞着，也听得他们嗡嗡地闹着。

——《雪》，鲁迅，1925

　　将午未午时候的阳光，澄黄的一片，由窗棂横浸到室内，晶莹地四处射。我有点发怔，习惯地在沉寂中惊讶我的周围。我望着太阳那湛明的体质，像要辨别它那交织绚烂的色泽，追逐它那不着痕迹的流动。看它洁净地映到书桌上时，我感到桌面上平铺着一种恬静，一种精神上的豪兴，情趣上的闲逸；即或所谓"窗明几净"，那里默守着神秘的期待，漾开诗的气氛。那种静，在静里似可听到那一处琤琮的泉流，和着仿佛是断续的琴声，低诉着一个幽独者自误的音调。看到这同一片阳光射到地上时，我感到地面上花影浮动，暗香吹拂左右，人随着晌午的光霭花气在变幻，那种动，柔谐婉转有如无声音乐，令人悠然轻快，不自觉地脱落伤愁。至多，在舒扬理智的客观里使我偶一回头，看看过去幼年记忆步履所留的残迹，有点儿惋惜时间；微微怪时间不能保存情绪，保存那一切情绪所曾流连的境界。

——《一片阳光》，林徽因，1946

　　以上分别是林燕妮、鲁迅和林徽因创作的三篇散文。三位作家的性别、年代和性格各有差异，此处作品的主题也具天渊之别，虽然拿来做严苛的学术对比似乎很不科学，但是由于他们都是大家耳熟能详的人物，所以仅仅从上述短短的文字当中，我们也能够从其语速的快慢、逻辑重音的编排，以及常用语素的选择等方面感知到三位作者截然不同的语音审美趣味和独特风格。林燕妮的文字平和优雅；鲁迅，犀利尖刻；林徽因，简洁活泼，品味阅读之际仿佛有暗香浮动，也似乎在与作者本人促膝而谈。因此可以说，语音的审美选择具备明显的个体差异性。

　　让我们再欣赏一下语音的审美选择的地方性。

他妈"嗯"了一声，接着便撩起围裙揩干脸上的泪痕，母亲意识到她不能再哭了，以免加重儿子的精神负担。他又问脚地上的妹妹："你二哥回来了没？"

兰香说："回来了，刚出去到金波家寻个东西……"

这时候，他姐兰花头一下伏在大弟的肩上，又出声哭起来了。少安安慰她说："姐姐，你不要急躁，事情总有我哩！你看你眼睛都肿了。千万不敢伤身子，你还要拉扯猫蛋和狗蛋……那两个娃娃哩？"

兰花不哭了，说："少平引到外面去了……"

这阵儿，少安他奶坐在后炕头上，张开没牙的嘴只顾笑着。她看见她的安安就是没死嘛！这不，已经平安无事地回来了！

少安从一个毛巾缝成的小布袋里，掏出一包从米家镇买来的蛋糕，拿出来放在奶奶的被子旁。他从里面捡了一块软点的，递到奶奶手里，说："奶奶，你吃这！软的，能咬动哩！"老祖母接过这块蛋糕，指着旁边其余的，说："叫猫蛋狗蛋吃去……"

——《平凡的世界》，路遥，1986

原来他们从小就认识。满庚哥是摆渡老倌的娃儿。玉音跟着他进山去扯过笋子、捡过香菇、打过柴禾。他们还山对山、崖对崖地唱过耍歌子，相骂着好玩。小玉音唱："那边徕崽站一排，你敢砍柴就过来，镰刀把把打死你，镰刀嘴嘴挖眼埋！"小满庚回："那山妹一子生得乖，你敢扯笋就过来，红绸帕子把你盖，花花轿子把你抬！"一支一支的山歌相唱相骂了下去，满庚没有输，玉音也没有赢。她心里恨恨地骂："短命鬼！哪个希罕你的红绸帕子花花轿？呸，呸！"有时她心里又想："缺德少教的，看你日后花花轿子来不来抬……"后来，人，一年年长大了，玉音也一年年懂事了。满庚哥参了军。玉音一想到"花花轿子把你抬"这句山歌，就要脸热，心跳，甜丝丝地好害臊。

——《芙蓉镇》，古华，1981

《芙蓉镇》是用湖南方言写成的，语速较之《平凡的世界》中的陕北方言快速、利落，体现了湖南人快言快语的地方特色。其间的山歌对子，平仄相间，愈发把个青山绿水哺育大的湖南山间女子和少年体现得活灵活现。相比之下，《平凡的世界》的语速慢了许多，多使用陕北特色音素，如"引""哩""寻"（陕北方言念"xin"）等，衬托出一个个朴实、木讷、可亲可爱的陕北老少，浓浓的亲情跃然纸上。

有关语音的审美选择的民族性，我们将以英汉两种语言为例，在书中详细论述。

总之，人们在说话或写作的过程中，总是会有意识或无意识地根据语境需要进行语音的审美选择，适合的选择能够为读者营造美好的审美体验。不同民族、地域、个人的语音审美选择各有不同，营造语音美的方式自然各有差异。事实上，这些也是读者"期待视野"中的重要内容，值得细心观察、体会和总结。

第二节　英汉语篇语音层面对比实例分析

现象学和诠释学中的"先理解""理解视野"和"视野融合"等概念逐渐被接受美学所吸收并发展成为诸如"期待视野""效果史"与"未定点"等接受美学的核心概念（王岳川，1998）。姚斯指出读者在阅读审美之前，均已配备了一种先在的背景知识和主观偏见，即"期待视野"。期待视野是读者理解和阐释作品的前提。它激发读者开放某种特定的审美趋向，唤醒读者以往的阅读经验（姚斯等，1987）。

"期待视野"是读者以往阅读经验、审美趣味、文化素养、价值观念等因素的综合产物，在具体的阅读活动中表现为一种"潜在的审美期待"，为了更好地理解原文，响应原文的"召唤结构"，填补原文"空白"并在此后的翻译过程中再现原文的审美意境，译者必须对原文作者以及译文读者的期待视野，即他们所处的时代、政治意识、语言特点、审美趣味、审美倾向等给予深入了解，而这正是"美学语言学与接受美学共同观照下的英汉语篇对比研究"的初衷。具体来说，"美学语言学与接受美学共同观照下的英汉语篇对比研究"就是要回答一个问题，那就是时下目的语读者所喜闻乐见的符号、渠道、语体、言语行为、语音、词汇、句式和语篇的谋篇布局形式是什么？我们认为，对这些问题的回答能够构成目的语读者期待视野的一部分。让我们首先从语篇的语音层面开始探索吧。

语音是语言的物质外壳和表达手段，对于一种语言的语音特征的了解，有利于洞悉该语言的本质。语音研究通常从两方面着手，一是对语音的物理属性的研究，二是对语音功能属性的研究（许余龙，1992）。然而，这两者之间是密切关联、相辅相成的，因为语音功能的达成需要借助其物理属性来实现。本研究更多聚焦于英汉语音的美学功能，关注英汉语言中那些为人所喜闻乐见的语音形式及其所营造的独特而美好的审美体验。我们将以当代英汉日常与文学言语为语料，广泛探寻英汉两种语言在语音层面审美选择，以期洞察英汉读者的期待视野，为构建地道的拥有语音美的英汉语篇提供依据。通过广泛视听英语国家的软新闻、名人演讲、电影剪辑、日常对话、诗歌朗诵、故事朗读，甚至经典歌曲，我们发现，英汉语篇在语音层面具备如下审美选择方式：

（1）英语中爆破辅音出现频繁。

英语语篇中的爆破辅音俯拾皆是，例如 /p/、/b/、/d/、/k/、/g/ 和 /t/。而汉语中不存在实际意义上的爆破辅音，因为汉语中所有辅音在发音时于末尾都添加了一个元音 /ə/。例如英语的爆破辅音 /p/、/b/、/d/、/k/、/g/、/t/，在汉语中都被读作 /pə/、/bə/、/də/、/kə/、/gə/、/tə/，呈现了明显的柔化趋势。请品味并对比如下词汇的发音：

desk	flag	create	bob
戴斯科	福来哥	科瑞诶可	鲍勃

在发爆破辅音时，强大的气流冲破发音器官的阻碍产生瞬间的爆发力，营造出铁器撞击般的音响效果，是一种来自"强度"的"力度"，显示出"阳刚之美"。其音响厚实、丰满、彪悍、豪健、粗犷、立体，具有强烈的震撼力和裹挟力。

英语的爆破音听起来令人仿佛依稀看到兵戈相接的火光和铁戈与铠甲撞击的尖锐声响。这是豪侠鲁莽的凯尔特剑士为了财富和土地与巨石器人伊比利亚人的誓死争斗；是凯尔特战士在战场上对敌人的恶毒辱骂；是英格鲁萨克森骑士与挪威海盗维京人的强强对决。这些现代英国人的祖先性情犷悍、好勇斗狠，爱好自吹自擂，浑身上下充斥着豪侠之气，可以说，所有这些精神特质都生动地体现在他们的语音当中。与之相对，中国人由于自古以来就以农耕为主，过得是日出而作、日落而息的农耕生活，人们彼此的身体距离很近，不需要付出太多的肺活量，就可以顺畅沟通，因此汉语语音明显阴柔许多，多了余韵，而少了铿锵感，追求恬静、安逸、空灵、疏阔和气韵。

（2）英语单词末尾的辅音虽不发音，但留有位置，且气流贯通。

英语单词多以辅音结尾，虽然通常并不发声，但是在时间上留有位置，气流一如既往贯通至单词末尾，因此仍旧能够体现出蓬勃的生命力，体现的还是印欧人以力量为美的审美心理。而中国人"尚虚无，求空灵，讲意境，强调直觉与领悟"，汉语单词常以元音结束，其末尾的元音刚好能够产生绕梁三日的余韵，给人以意犹未尽之感，形成极大的魅力。以可伸可屈的元音为结尾，使得汉语的语音更为细腻悠长，彰显了汉民族以柔克刚的智慧与审美取向。请一个个单独品味如下英汉单词的读音：

云　能　够　把　月　牙　遮　住

expect, expectation, book, file, list, dream, come

（3）发英语元音时共鸣腔远大于汉语元音。

与汉语相比，英语之发音需要消耗更多的能量，因此说英语需要呼入更多的氧气，有更多的面部肌肉的参与，再次体现了以英语为母语的人们对力量和运动的崇尚，凸显了他们对"阳刚美"和"力量美"的审美嗜好。请对比下面各组发音相似的英语与汉语单词，即可发现其显著的差异性：

Eye/ 爱　no/ 闹　oh/ 欧　lay/ 累

借用钱冠连的分析，这是以英语为母语的民族和汉民族为了迎合自己生命的动态平衡、地理环境、生活习惯，甚至政治气候而形成的各自截然不同的审美嗜好。

（4）汉语双元音是"合二为一"，而英语双元音是"比肩而立"。

仔细聆听英语和汉语的双元音，可以听出，英语的双元音通常是由一个元音向另一个元音的滑动。前一个元音发音清晰响亮，耗时略长；后一个元音发音略为微弱，耗时较短。而在汉语中，通常双元音是由两个单元音糅合后形成的新的声音。因此可以说，汉语双元音体现的是"合之美"，而英语体现的是"分之美"，彰显了不同的审美选择与思维倾向。例如：

尾 /way　美 /may　显 /shine　翁 /swing　培 /pay

（5）汉语中不存在真正意义上的后元音。

所有汉语元音的发音听起来都很靠前，而英语的后元音多达六个，如 [a：]、[u：] 等。这使得英语在发音上消耗的肺活量较汉语多出很多，汉语相对来说更为柔和，这是不同民族对美的理解与追求不同造成的。

如上文所述，英语崇尚"力量"，汉语爱好"阴柔"。这可以从欧美人和汉人对男子的审美中窥见一斑。汉人中美男子的特质通常是颀长而白皙，五官精致，阳刚中透着儒雅秀美，如东晋的潘安，晋书中说他"美姿仪，辞藻绝丽，尤善哀诔之文"。然而，在欧美，美男子的形象常常是高大俊朗的男士。例如"白马王子"第一人——高文（Sir Gawaine），他有着"少女的骑士"之称，传说他不仅面目英俊而且高大健美，是圆桌骑士（Knights of the Round Table）中最有风度的一位，总是救美女于水火，且心胸宽广。总之，汉人的审美中总能窥见阴柔的存在，而欧美人更为崇尚阳刚。当然，审美嗜好是一个复杂而庞大的课题，涉及多种因素，不可一言代之，以上评论仅仅为管中一窥。

（6）汉语以元音为美。

与英语以爆破音为美不同，汉语以元音为美。汉语所有单词的发音都以元音为结尾。值得注意的是，与英语相异，汉语的元音无长短音之分。汉语的元音可依据语义的需要灵活延长或缩短。恰如音乐一般，于流动中轻松营造出异彩缤纷的情绪和氛围。请尝试朗诵下句：

> 谁动了我的奶酪？

上句中"谁"一字末尾的元音在朗读时可以适当延长，以表达震惊和气愤之情。请再尝试朗读下列几句汉语句子：

> 世间的一切都是遇见。就像冷遇见暖，有了雨；春遇见冬，有了岁月；天遇见地，有了永恒；人遇见人，就有了生命。
>
> ——《美学语言学—语言美与言语美》，钱冠连

以上句中所有末尾元音都可以略微拖长，营造一种空灵、清新和温暖的感觉，似余音绕梁，缕缕不绝。这种元音的延长发音，能够产生强大的魅力，吸引听者去品味、思考。它长久地盘旋在听众的脑际，似乎近在身边，触手可及；又仿佛稍纵即逝，不可捕捉。这就是"余韵"的效果，是国人追求的审美境界与审美体验。

（7）英语中多存在强弱相间的节奏。

"节奏"对于音乐专业人士再熟悉不过了，然而对于语言学专业的人来说，有些陌生。那么，什么是"节奏"呢？通俗来说，节奏是一种有规律的变化，是各种变化因素规律性的有序组合。节奏可以出现在自然界，也可以出现在社会与人类生活之中。"节奏是宇宙的规则，四季交替是节奏，斗转星移是节奏。节奏快时慷慨激昂，奔腾豪放，节奏慢时潺潺流水，婉转轻柔"（白纯等，2006）。在语言当中，自然也少不了节奏。钱冠连（2006）指出，英语中最常见的节奏就是强弱相间（The te-tum te-tum rhythm），如"to fully understand""to strongly criticize""to boldly go""to fully understand""to really enjoy"等等。在莎士比亚的作品中，这种节奏比比皆是，因此被钱冠连（2006）冠以"莎翁喜欢的节奏"之美誉。这种强弱相间的节奏，构成了天地间一种美的旋律，或抑扬，或扬抑，它与人类的感情交响共鸣。请尝试使用强弱相见的节奏朗读如下莎士比亚的一首十四行诗，并以自然的汉语节奏朗读屠岸的汉语译文，两相对比：

> From fairest creatures we desire increase,
>
> 对天生的尤物我们要求蕃盛，
>
> That thereby beauty's rose might never die,
>
> 以便美的玫瑰永远不会枯死，
>
> But as the riper should by time decease,
>
> 但开透的花朵既要及时雕零，
>
> His tender heir might bear his memory：
>
> 就应把记忆交给娇嫩的后嗣；
>
> But thou contracted to thine own bright eyes,
>
> 但你，只和你自己的明眸定情，
>
> Feed'st thy light's flame with self-substantial fuel,

把自己当燃料喂养眼中的火焰，

Making a famine where abundance lies,

和自己作对，待自己未免太狠，

Thy self thy foe, to thy sweet self too cruel：

把一片丰沃的土地变成荒田。

Thou that art now the world's fresh ornament,

你现在是大地的清新的点缀，

And only herald to the gaudy spring,

又是锦绣阳春的唯一的前锋，

Within thine own bud buriest thy content,

为什么把富源葬送在嫩蕊里，

And tender churl mak'st waste in niggarding：

温柔的鄙夫，要吝啬，反而浪用？

Pity the world, or else this glutton be,

可怜这个世界吧，要不然，贪夫，

To eat the world's due, by the grave and thee.

就吞噬世界的份，由你和坟墓。

　　强弱相间的节奏是英语中一种传统的节奏模式，这种节奏模式的产生是由于英语单词中存在重读音节。一个英语句子中，重读音节之间保持大致相同的时间距离。以重读音节起始的语音片段是话语节奏的基本单位，叫作节奏群或音步。每一个音步都只有一个重读音节，各个音步在时值上大体相等。这样，我们可以看出，英语是把一定间隔时间出现的重音作为节奏，是一种以重音计时的语言。音步是语言的节奏单位，相当于音乐中的小结，一个音步可以包括两三个音节。英语的音步通常可以形成四种模式：由一个轻读音节后接一个重读音节组成的抑扬格，由两个轻读音节后接一个重读音节组成的抑抑扬格，由一个重读音节接一个轻读音节组成的扬抑格和由一个重读音节后接两个轻读音节组成的扬抑抑格。这些模式构成了不同美感的节奏，有的有力紧凑、有的舒缓平和，可以与说话人要营造的意象切合。

在汉语中，情况就大不相同。汉语节奏单位总是与最小的语义单位一致（刘乃华，1988）。在汉语中，一字一音节。音节与音节之间界限明显，具有"独立性"与"封闭性"。除少数语气助词外，几乎每个音节都要清清楚楚地念出来，每个音节所花费的时间都大体相等（白纯等，2006）。汉语音节匀称，因此容易形成对偶、对照、排比、反复和重叠等节奏模式，汉语的这类均衡美和对称美，成为其一大特色。平仄是汉语格律的一个术语。根据汉语的四声，"平"具备阴平（一声）、阳平（二声）两种；"仄"包括上（三声）、去（四声）、入（短声）。平仄有时交替出现，有时对立出现，使得汉语的声调多样化，营造和谐的效果。

总之，英语的音节不具备独立性与封闭性，音节间的音素遵照一定的规律可以重新组合。这样，通常英诗中一个多音节词往往就会被拦腰截断，分散在相邻的音步里，单个音步内的音节未必完整而具有语言意义。而汉语的音节具有独立性与封闭性，每个音组内的音节都会具有语言意义。其次，英语的节奏主要是靠声音的轻重来体现，而汉诗的节奏则主要是靠音调及声音长度来体现，轻重之分并不明显。再次，英语的"抑扬"变化丰富，生动有个性；汉诗的平仄则比较整齐有规律（白纯等，2006）。

平仄是古汉语诗词中的与格律相关的概念。平仄在言语中交错出现就能形成升降的音乐效果，平仄和谐是汉语言语美的一条重要的构建方式和原则。一般来说，在汉语诗词中，句中讲究平仄交替，而句间则讲求平仄相对。请欣赏如下诗句：

> 汉皇重色思倾国，御宇多年求不得。
>
> 杨家有女初长成，养在深闺人未识。

天生丽质难自弃，一朝选在君王侧。

回眸一笑百媚生，六宫粉黛无颜色。

遂令天下父母心，不重生男重生女。

——《长恨歌》，白居易，唐朝

不仅是古代诗歌要求平仄的完美组合，即使是时下百姓的日常言语当中，也能随处遇见平仄组合，例如：

夸我、捧我、吹我，我自己知道我没有那么好；

骂我、攻我、恨我，我自己知道我没有那么坏。

——《美学语言学》，钱冠连，2006

汉语注重节奏美，这种有关节奏的感知是从小积累起来的一种直觉。有关汉语的句内及句间节奏，中国人完全可以凭借直觉来判断。桂世春（1997）就曾指出研究母语完全可以依靠直觉。只要是朗读起来顺口的句子或句群就是符合中国人节奏习惯的言语，这种言语就是美的汉语言语，反之则是负美的汉语言语。请朗读并观察如下句子的节奏：

春困，秋乏，夏打盹，睡不醒的冬三月。（美的节奏）

春困，夏打盹，睡不醒的冬三月，秋乏。（负美的节奏）

一亩园子十亩地。（美的节奏）

十亩地一亩园子。（负美的节奏）

一亩鱼塘三亩田。（美的节奏）

三亩田一亩鱼塘。（负美的节奏）

——《美学语言学》，钱冠连，2006

此外，当代中国人普遍偏爱双字与四字节奏。例如：咔嚓、轰鸣、好处、叮咚、隆隆、车辚辚、马萧萧、嘶鸣、龙龙、蹦蹦和风雨潇潇、秋风瑟瑟、雷声隆隆、意气风发、微风习习、艰苦卓绝、无稽之谈等等（钱冠连，2006）。

（8）英语中音韵形式丰富。

英语中音韵形式丰富，有头韵（alliteration）、尾韵（endrhyme）、元音韵（assonance）、辅音韵（consonance）、行内韵（internalrhyme）、半韵（halfrhyme）和类尾韵（pararhyme）等。韵式也是多种多样，有 abab、aabb、abba、aaa 等，这种音韵多出现在英语的诗歌当中，日常言语中也不少见。

头韵是英语中常见的修辞方法，指两个或两个以上的单词的首个音素保持相同。头韵能够形成整齐而悦耳的音乐感。头韵最早出现在古英语当中，是盎格鲁撒克逊人馈赠给现代英语的一件美好礼物，具有极强的感染力和极高的审美价值。日常英语中常见的头韵范例有 "first and foremost" "saints and sinners" "weal or woe" "I was tossing and turning all night." "She enjoys the cut and thrust of party politics." "He's a Parisian born and bred." 等等。请朗读如下英语绕口令：

Peter Piper picked a peck of pickled pepper,

A peck of pickled pepper Peter Piper picked,

If Peter Piper picked a peck of pickled pepper,

Where is the peck of pickled pepper Peter Piper picked?

当然，汉语中也存在头韵的修辞方式，例如"蒹葭苍苍，白露为霜"中的"蒹葭"；"吾家后居，矗立果树。丈三朝天，枇杷枇杷。簇簇白花，团团含蕾。顶寒蓄果，破蕊欲出。宛如居所丹青画。"中的"枇杷""簇簇""团团"也是头韵。只是很难在汉语中发现整行押头韵的诗句。

元音韵是两个或两个以上的单词中元音相同，但辅音不同，例如 lake, brake；time, tide；silk, milk；think, brink 等等。元音韵是英语构建音乐美的一种方式，在汉语中极其罕见。

尾韵是汉语和英语中均很常见的言语语音美的构成方式，几乎俯拾皆是。例如：

Hope is the thing with feathers

That perches in the soul

And sings the tune without the words

And never stops at all

And sweetest in the gale is heard

And sore must be the storm

That could abash the little bird

That kept so many warm

I've heard it in the chillest land

And on the strangest sea

Yet never in extremity

It asked a crumb of me

By Emily Dickinson

尾韵在汉语的诗歌当中得到完美使用，它将情感与韵律结合得天衣无缝。请欣赏一首唯美而浪漫的恋歌——《郑风·野有蔓草》。在一个美好的清晨，绿草青青，露珠晶莹。年轻的男子与一位眉目清秀的美人邂逅于蔓草间，一见倾心：

野有蔓草，零露溥兮。有一美人，清扬婉如。邂逅相遇，适我愿兮。
野有蔓草，零露瀼瀼。有一美人，婉如清扬。邂逅相遇，与子偕臧。

辅音韵、行内韵、半韵和类尾韵由于多出现在英语诗歌中，在日常言语中不常见，因此不再赘述。

（9）汉语崇尚对称美。

中国人喜欢对称。无论是传统的家具摆设，抑或亭台楼阁，处处都可见对称。事实上，人类最早发现和掌握的美的形式就是对称，恰如古希腊哲学家毕达哥拉斯所说，一切美的形体和形式都必须有对称。对称在中国更是被发挥得淋漓尽致。钱冠连（2006）先生就曾特别关注到汉语的对称美，他观察到有时词汇的长短不对称时，就需要利用语音的延长或缩短来补齐。请尝试朗读如下汉语句子：

> 当 / 明星 / 容易，
>
> 当 / 艺术家 / 难!

——《美学语言学》，钱冠连，2006

上面的句子中，为了达到与上一句"当明星容易"的对称，说话者一定会将"难"字拖长。同时，这种语音上的延长在语用效果上还起到了强调的作用，正好与言语任务相切合。

第三节　语音层面翻译策略的构建

如前文所述，接受美学理论关注的重点不再是作者或文本，而是读者以及读者对文本的接受情况。接受美学将阅读活动视为读者与文本之间的审美互动。受接受美学理论的启发，我国翻译学界也开始以译文读者为导向展开了很多理论与策略研究（陈文慧，2018）。例如，学者们为了迎合译文读者的期待视野，提出了归化、意译、阐译、改写等策略，对中国文化的对外推介起到了积极的促进作用。接下来，我们将在接受美学理论的指导下，充分关照译文读者的期待视野，基于英汉互译译文读者的语音审美选择特征，从语音层面提出一些可操作的翻译策略，目的是提升英汉互译译文的读者接受效果。

（1）充分重视对称原则。

如上节所述，对称是中国人的审美倾向，甚至有人不吝将中国称之为"对称的中国"，可见对称应该是汉语读者期待视野中重要的一环，在英译汉译文中强调对称是必要的。请仔细审视如下例句：

原　文 A friend walk in when the rest of the world walk out.

译文1 别人都走开的时候，朋友仍与你在一起。

译文2 外人走开，朋友奔来。

译文3 患难见真情（西安石油大学翻译 1701 班　刘葳译）。

显然，对于汉语读者来说，译文 3 更好些，因为译文 3 中"患难"对"真情"，较之译文 1 和译文 2 来说，更为工整，更加符合汉语读者的对称审美期待，阅读起来犹如中国的楹联一样，朗朗上口。请继续审视如下例句：

原　文 If you turn and walk away，your forever friend follows. If you lose your way，your forever friend guides you and cheers you on.

译文1 你转身走开时，真正的朋友会紧紧相随；你迷失方向时，真正的朋友会引导你，鼓励你。

译文2 你离开时，真正的朋友会紧紧相随；你迷失时，真正的朋友会谆谆慰勉。

译文3 你离开时，真正的朋友紧紧相随；你迷失时，真正的朋友谆谆勉慰。

译文4 离，挚友相随；惘，好友勉慰（西安石油大学英语 1501 班　麦夏清译）。

这里，译文 2 和 3 较之译文 1 在语言节奏方面更符合中国读者的审美趣旨，即前后句以对称方式展开。译文 3 比译文 2 更为简洁，且将最后的"慰勉"更改为"勉慰"，从而实现了前后句在最后一个字上的平仄相对，在语音上更为中国读者所悦纳。这一字的修改是西安石油大学翻译专业 1702 班魏振虎所为，可谓谙熟汉语语音审美选择的特点。对于这一英文句子的译文，我们还有幸获得了译文 4，字数更少，而节奏工整，平仄相对，令人拍案称绝。

原　文 The proper force of words lies not in the words themselves，but in their application.

译文 1 词汇的力量不在于词汇本身，而在于词汇的应用。

译文 2 词汇的力量不在于词汇本身，而在于词汇应用。

译文 3 文字的力量不在与文字本身，而在于文字应用。

译文 4 字不在其身，而在其用（西安石油大学英语 1502 班　龚佳玉、陈媛媛译）。

译文 2 比译文 1 仅仅少了一个"的"字，便使得上句的"词汇本身"与"词汇应用"对应整齐。而译文 3 将"词汇"更改为"文字"，更为符合中国人对"word"的表达习惯。译文 4 是最精彩的，工整简洁，表达方式略显古典，更能够让中国读者感受到美感，为他们带来教育启发的同时，也赋予他们愉悦的审美体验。

原　文 Happiness was having the cookie. If you didn't have the cookie，your life wasn't worth living. Unfortunately，the cookie kept changing. Some of the time，it was money，sometimes power，sometimes sex.

译文 1 幸福就是拥有一个小甜饼。没有小甜饼，生活就毫无意义。不幸的是，小甜饼总是不停地变着，有时是钱，有时是力，有时是欲望。

译文 2 拥有一个小甜饼曾经就是幸福。没有它，则生无可恋。遗憾的是，这个小甜饼变幻无定，时而是金钱，时而是权力，时而是欲望。（西安石油大学英语 1403 班　吴磊译）

译文 3 曾经幸福就是一块小点心，没有它，生活索然无味。遗憾的是，幸福变幻无定，时而是金钱，时而是权利，时而是欲望（西安石油大学翻译1702班　吕鼎臣译）。

译文2使用了中国读者喜爱的四字成语，如生无可恋、变幻无定，因此在质量上明显完胜译文1。译文3将"小甜饼"更改为"小点心"，与中国读者的距离感一下子拉近了许多，对中国读者的味觉和嗅觉带来了快乐的刺激，然而"外国味儿"瞬间消失了，是好，还是不好，因为此处没有微观语境和宏观语境作为参考，在此暂不做决策性评价，各有千秋，译者能够将"cookie"翻译成"小点心"确实体现了其汉语表达的地道性。

原　文　When I give my son a cookie, he is happy. If I take the cookie away or it breaks, he is unhappy.

译文1　当我给儿子一个小甜饼时，他就高兴。如果我拿走小甜饼，或者是小甜饼碎了，他就不高兴了。

译文2　当我给儿子一个小甜饼时，他就兴高采烈。但是，当我夺走它或小甜饼碎了，他就闷闷不乐。

译文3　给儿子一个小甜饼，他就兴高采烈。拿走了，他就垂头丧气。（西安石油大学英语1402班　薛洋、权芳芳、耿文鑫译）

同样，译文2使用了中国读者喜爱的四字成语，如兴高采烈、闷闷不乐，因此在质量上完胜译文1。译文3不仅使用了四字成语，而且更为简洁，且"垂头丧气"更符合"unhappy"的样貌，而译文2中的"闷闷不乐"似乎比"unhappy"多出许多信息。

原　文　These are the days of two incomes, but more divorce; of fancier houses, but more broken homes.

译文1　这个时代有双收入，但也有了更高的离婚率；有更华丽的房屋，却有更多破碎的家庭。

译文2 这个时代有双收入，但也有更高的离婚率；有华丽的房屋，却也有更多的破碎家庭。

译文3 这个时代有双收入，亦有更高的离婚率；有更华丽的房屋，亦有更多破碎家庭。（西安石油大学英语1502班 韩晓月、杨偲译）

译文4 财富双至，但爱灭情断；屋舍堂皇，却妻离子散。（西安石油大学英语1502班 谢兆丰译）

译文2较之译文1去掉了一些冗余的字词，如"了"和"的"，因而质量得以提升。译文3使用"亦"代替"也"，增加了古典情趣，同时也可以省略转折词"但"和"却"，更为言简意赅。而译文4十分精彩，上下句严格对仗，不仅在字数和词性上面十分对称，而且信息量极大，与原文精准对应，堪称译文中的精品。

（2）使用四音节词汇提升译文表达效果。

几千年来，汉语中积累了许许多多四音节词汇表达方式。它们犹如汉语长河中的朵朵奇葩，熠熠发光。这些表达言简意赅、意蕴丰富，如果运用得好，不仅会令译文顿时高贵典雅起来，而且能够给予译文读者极佳的审美体验。

原 文 Hello darkness my old friend.

I've come to talk with U again

Because a vision softly creeping.

Left its seed while I was sleeping.

译 文 寂静吾友，君可安然？

又会君面，默语而谈。

浮光掠影，清梦彷徨。

幽幽往昔，慰我心房。

原 文 Are you going to Scarborough Fair ?

Parsley，sage，rosemary and thyme.

Remember me to one who lives there

She once was a true love of mine.

译 文 问尔所之，是否如适？

蕙兰芜荽，郁郁香芷。

彼方淑女，凭君寄辞。

伊人曾在，与我相知。

原 文 Studies serve for delight，for ornament，and for ability. Their chief use for delight，is in privateness and retiring；for ornament，is in discourse；and for ability，is in the judgment and disposition of business.

译 文 读书足以怡情，足以傅彩，足以长才。其怡情也，最见于独处幽居之时；其傅彩也，最见于高谈阔论之中；其长才也，最见于处世判事之际。

——王佐良译

原 文 She asked dad how he met mom. His response is the best thing you'll read today.

译 文 女儿寻问爸妈如何相遇于途，爸爸的回答精彩绝伦。

原 文 we fell into each other's lap under odd circumstances but it resulted in the coolest family ever.

译 文 我们阴差阳错地坠入情网，却成就了一个其乐融融的幸福之家。

（3）妙用尾韵营造音乐美。

尾韵是英汉语诗歌常见的押韵方式，可以令声音和谐优美、悦耳动听，令人过耳不忘，便于读者记忆。在译文中巧妙借助尾韵，能够赋予译文以妙不可言的音乐美与和谐美，给译文读者营造听觉上的享受。请欣赏如下译文：

65

原　文　Heights

By Longfellow

The heights by great men reached and kept

Were not attained by sudden flight,

But they，while their companions slept，

Were toiling upward in the night.

译文1　高度

伟人所至高度，

并非一蹴而就；

同伴半夜酣睡时，

辛勤攀登仍不辍。

——秋子树译

译文2　高度

高人所获成就，

绝非一蹴而就。

同伴夜酣之时，

高人挥汗之际。

译文3　高度

伟人所获成就，

绝非一蹴即至。

同伴夜酣之际，

伟人挥汗之时。

——西安石油大学英语 1502 班　何和英萱、李冰玉、权芳芳译

译文4　高度

非凡成就伟人至，

岂是一蹴朝夕事。

友伴夜酣美梦拾，

奋笔疾书谁人知。

——西安石油大学英语 1502 班 李婷译

以上译文不仅节奏工整，而且韵脚完美。译文 3 和 4 将"great man"翻译成"伟人"，而非译文 1 和 2 中的"高人"，顿时去掉了江湖气，立意更为高雅。译文 4 如古诗般优美，将训教转换成生动的启发，音韵美好，画面鲜活，为中国读者赋予极佳的审美体验，绝对是翻译中的佳作。

原　文　If you are feeling that life just cannot be any worse for you, it can be challenging to think positive thoughts.

译文 1　如果你感觉生活对你来说实在是糟糕，你可以挑战着想些积极的东西。

译文 2　假如你感到生活一地鸡毛，你可挑战积极的思考。

译文 3　倘若生活难如意，不如乘风立远志。（西安石油大学英语 1502 班 谢兆丰译）

译文 4　繁琐生活事，鸿途伟业时。（西安石油大学英语 1502 班 杨玉敏、杨文娇译）

译文 5　当你感到生活一败涂地，积极思考便难以为继。

译文 1 的表达过于口语化，虽然语义充满启发，但是语音上无美感。译文 2 在使用了四字成语"一地鸡毛"后，音韵美妙了许多，但是整体来看，并不工整。译文 3 和 4 音韵美妙，节奏清晰，韵脚完美。然而，仔细推敲，引文 1 到 4 均不符合原文语义，因此译文 5 无论从押韵上判断，还是对原文的忠实度来看，都是这 5 个版本中最好的一个。

原　文　The watch-dogs bark Bow-wow! Bark, bark! I hear The strain of strutting chanticleer Cry，cock-a-doodle-doo.

The Tempest，William Shakespeare

译 文 听兮君倾听：

"汪汪"何其频！

万户犬争吠，

一片"汪汪"声。

听兮我倾闻：

雄鸡昂步吟，

"喔喔"引吭鸣。

——黄龙译

原文的语音美是通过押头韵来体现的，如"bark Bow-wow"和"chanticleer Cry，cock-a-doodle-doo"。而在译文中头韵很难实现，译者便借助汉语诗词中常用的尾韵来实现语音美，如"听"对"声"，"频"对"吟"，所以译文是出色的翻译成果。

原 文 You'll Love Me Yet

By Robert Browning

You'll love me yet! – and I can tarry

Your love's protracted growing；

June rear'd that bunch of flowers you carry

From seeds of April's sowing.

I plant a heartful now：some seed

At least is sure to strike，

And yield–what you'll not pluck indeed，

Not love，but，may be，like.

You'll look at least on love's remains,

A grave's one violet:

Your look? – that pays a thousand pains.

What's death? You'll love me yet!

译　文 你总有爱我的一天

罗伯特 · 勃朗宁作

你总有爱我的一天!

我能等着你的爱慢慢长大。

你手里提的那把花,

不也是四月下的种,

六月才开的吗?

我如今种下满心窝的种子,

至少总有一两粒生根发芽,

开的花是你不要采的, ——

不是爱, 也许是一点喜欢罢。

我坟前开的一朵紫罗兰, ——

爱的遗迹, ——你总会瞧他一眼;

你那一眼吗, 抵得我千般苦恼了。

死算什么, 你总有爱我的一天。

——胡适译

原文的语音美是通过极其工整的押尾韵实现的, 如"tarry"押"carry";
"seed"押"indeed";"strike"押"like";"remains"押"pains";"violet"押"yet",
表现出莎士比亚高超的语言运用能力。然而, 译文的尾韵远无原文工整。

原　文 We've learned to rush, but not to wait; we have higher incomes, but,

Lower morals.

译文1 我们学会了奔跑,却忘记了如何等待;我们的收入越来越高,道德水平却越来越低。

译文2 我们学会奔跑,却忘记耐心等待;我们拥有高酬,却听任道德衰败。

原文的语音美是通过谐元韵构建的,如"rush"押"incomes","wait"押"morals"。然而,在汉语中很难实现谐元韵,所以译者使用了押尾韵的方式,如译文2中,"跑"押"酬","待"押"败",而译文1则没有押韵的考虑,或者说对语音美的营造没有做任何工作,因此质量远远不及译文2。

原 文 Song of Myself

By Walt Whitman

1819—1892

I celebrate myself, and sing myself,

And what I assume you shall assume,

For every atom belonging to me as good belongs to you.

I loafe and invite my soul,

I lean and loafe at my ease observing a spear of summer grass.

My tongue, every atom of my blood, form'd from this soil, this air,

Born here of parents born here from parents the same, and their parents the same,

I, now thirty-seven years old in perfect health begin,

Hoping to cease not till death.

Creeds and schools in abeyance,

Retiring back a while sufficed at what they are, but never forgotten,

I harbor for good or bad,

I permit to speak at every hazard,

Nature without check with original energy.

译文1　自己之歌

沃尔特·惠特曼（1819—1892）

我赞美我自己，歌唱我自己，

我所讲的一切，将对你们也一样适合，

因为属于我的每一个原子，也同样属于你。

我邀了我的灵魂一道闲游，

我俯首下视，悠闲地观察一片夏天的草叶。

我的舌，我的血液中的每个原子，都是由这泥土，这空气构成，

我在这里生长，我的父母在这里生长，他们的父母也同样在这里
生长，

我现在三十七岁了，身体完全健康，

希望继续不停地唱下去，直到死亡。

教条和学派且暂时搁开，

退后一步，满足于现在它们已给我的一切，但绝不能把它们全遗忘，

不论是善是恶，我将随意之所及，

毫无顾忌，以一种原始的活力述说自然。

译文2　自己之歌

沃尔特·惠特曼（1819—1892）

我赞美自己，歌唱自己，

我讲的一切，也适合你，

因为属于我的所有微粒，也一样属于你。

我邀了自己的灵魂一同游曳，

悠闲地俯察一片夏天的草叶。

我的舌，我的血液中的每个原子，都由这泥土，这空气幻化铸就，

所以这是我的故乡，我父母的故乡，我父母的父母的故乡。

我现在三十有七，身体健康，

希望永远康健，直到死亡。

教条和学派暂时抛弃，

退一步，满足于当下，但绝不把它们遗弃，

不论善恶，我将随意之所及，

以一种原始的活力述说自然，毫无顾忌。

译文 1 和 2 都试图通过押尾韵来营造译文的语音美，从而为汉语读者带来美好的审美体验，这与原文的努力方向是一致的。译文 2 在语言上较之译文 1 更为简洁，更符合时下汉语读者的审美趣旨，因此，译文 2 的质量更为上乘。

（4）讲求平仄编排。

为了营造言语的升降长短等节奏上的变化，建议译者凭借平仄组合。这种方式可以令汉语句子听起来抑扬顿挫、铿锵和谐，充满了音乐般的美感。现代汉语读者喜爱的平仄组合涉及平仄相对和平仄交替。

原　文 When we are stressed, depressed, upset, or otherwise in a negative state of mind because we perceive that "bad things" keep happening to us, it is important to shift those negative thoughts to something positive. If we don't, we will only attract more "bad things."

译文 1 当我们不堪重负、沮丧、失落，抑或因为我们认为倒霉的事总是光临我们而处于消极状态时，将这些消极的思想转变为积极的至关重要。如果我们不这么做，只会招致更多的霉运。

译文 2 当你压抑烦恼抑或被"霉运"缠绕时，积极思考便尤其重要。否则，

越来越多的"霉运"便会接踵而至、纷至沓来。

译文 2 "接踵而至、纷至沓来"平仄相对，是国人所喜爱的音韵节奏。译文 2 中二字音节词汇"霉运"，而非译文中的"倒霉的事"，也显得更为简洁且符合中国文化，因此译文 2 是高质量的译文。

原文 If you start with one small, positive thing and repeat it during the course of your day, you will begin to move into a more positive situation: positive thoughts, feelings, opportunities and people will start showing up in your life. With practice, you will find that over time, you will change your outlook and choose to be happy, regardless of the events around you.

译文 1 从一件积极的小事情开始，并且一整天就一直重复想着，你将进入一个更加积极的状态：积极的思想、情感、机遇、人们开始装扮你的人生。这样练下去，很快你会发现你将改变你的观点，选择快乐的生活，而不在意周围那些琐事。

译文 2 从一件积极的小事开始，日复一日，周而复始，你将进入更积极的状态。积极的想法、美好的感觉、良好的机遇和正能量的人们将出现在你的生活。依此练习，你会发现，随着时间的推移，你的世界观将因此而改变，无论周遭境遇如何，你都会选择快乐生活。

译文 2 选择了中国读者喜爱的四字成语和平仄相对的音律，因而在质量上瞬间秒胜译文 1。句子最后"何"与"或"均为平音，给人以积极向上的美好感觉。

（5）巧借叠字营造美感。

叠字也是汉语读者喜爱的语音方式，在译文中使用叠字可以令译文听起来和谐悦耳，声韵铿锵，缠绵悱恻，形成回环咏叹的艺术效果，平添译文在语音上的艺术魅力，增加无限情趣。请细致品味并对比如下译文：

原 文 A blind boy sat on the steps of a building with a hat by his feet. He held up a sign which said: "I am blind, please help." There were only a few coins in the hat.

译文 1 一个盲人男孩坐在大楼前的台阶上，脚边摆着一顶帽子。他立了一块牌子，上面写着："我是盲人，请帮助我。"那帽子里只有几枚硬币。

译文 2 一个双目失明的男孩坐在大楼前的台阶上，脚边摆着一顶帽子，立着一块牌子，上面写着："我是盲人，请帮帮我。"那帽子里只有寥寥数枚硬币。

原文叙述的是一个楚楚可怜的盲人男孩的故事。作者没有使用复杂的词汇和句式，但是一句"please help."已经让人涕零如雨，译文 1 将此句译作"请帮助我。"显得过于理性，而译文 2 通过叠字的方式，译作"请帮帮我。"，瞬时将可怜无助的盲人男孩渴望帮助的样子表现出来，同时这种话语方式也符合中国读者常见的乞丐的话语方式，所以译文 2 更为上乘。

原 文 The hope and uncomplicated joy of a wedding is often a stark contrast to the real-life challenges of day-to-day married life.

译文 1 婚礼带来希望和简单的快乐，常常和日复一日婚姻生活的现实挑战形成鲜明对比。

译文 2 婚礼上的殷殷期盼和简简单单的快乐总是与日复一日婚姻生活的风风雨雨形成鲜明对比。

译文 2 使用叠字方式，如"殷殷"和"简简单单"来形容"期盼"和"快乐"的样子以及"风风雨雨"来体现"婚姻生活"的琐碎与不易，较之译文 1 的直白而生动和鲜明得多，这些叠字都是汉语读者在类似语境中常见的表达方式，能够为汉语读者赋予更多信息与想象空间，引起其共鸣与嗟叹。

原　文 Weeks passed and as I made my way back to the mystery plant, it appeared to be a Sunflower. It was spindly looking with a tall skinny stalk and only one head on it. I decided to baby it along and weed around it.

译文1 几周过去了，我回到那株神秘植物跟前，它好像是一棵向日葵。它还很纤细，长着细高的茎杆，上面只有一个头。我决定好好照看它，除去它周围的杂草。

译文2 几周过去了，我回到那株神秘植物跟前，它好像是一棵向日葵。它还很纤细，长着细细高高的茎儿，上面只顶着一个花头。我决定好好照看它，除去它周围的杂草。

译文 2 使用"细细高高的茎儿"来翻译"spindly looking with a tall skinny stalk"，较之译文 1 的"长着细高的茎杆"而活灵活现得多。

原　文 The board meeting had come to an end. Bob started to stand up and jostled the table, spilling his coffee over his notes. "How embarrasing! I am getting so clumsy in my old age."

译文1 董事会结束了。鲍勃起身时撞到了桌子，把咖啡洒到笔记本上。"真丢脸啊！这把年纪了还这么毛躁。"他不好意思地说。

译文2 董事会结束了。鲍勃刚起身就撞到了桌子，把咖啡洒到笔记本上。"真丢脸啊！年纪大了，这把年纪了还这么毛毛躁躁。"他不好意思地说。

译文 2 的"毛毛躁躁"与译文 1 的"毛躁"孰优孰劣，应该由语境来决定。"毛躁"的口气中略有恼怒的含义，容易引发周围人的不快，而"毛毛躁躁"似乎口气中调侃的意味更多些，有助于舒缓尴尬的气氛，因此感觉译文 2 更好些，因为毕竟鲍勃不想引起周围人的不满。

原　文 I looked at Frank and saw that tears were running down his cheek.

译文1 我看着弗拉克，眼泪正顺着他的脸颊流下来。

译文2 我看着弗拉克，发现滴滴泪水正顺着他的脸颊流淌下来。

显然，译文2中"滴滴泪水正顺着他的脸颊流淌下来"比译文1的"眼泪正顺着他的脸颊流下来"生动得多，画面感强烈得多，对读者情绪的感染力更强得多，这些情绪反应也正是读者阅读过程中部分的审美体验，因此译文2质量更高些。

（6）巧借头韵、尾韵和元音韵。

押韵能使得言语的声调和谐优美，为读者带来美的享受。不仅能够制造出音乐的效果，更能令读者过目不忘。鉴于英语语言的特质，如果能够借助头韵、尾韵和谐元韵等押韵方式，一定能够使得汉译英译文节奏与声调俱佳。请欣赏并对比如下译文：

原文 沁园春·雪

毛泽东

北国风光，

千里冰封，

万里雪飘。

望长城内外，

惟余莽莽；

大河上下，

顿失滔滔。

山舞银蛇，

原驰蜡象，

欲与天公试比高。

须晴日，

看红装素裹，

分外妖娆。

江山如此多娇，

引无数英雄竞折腰。

惜秦皇汉武，

略输文采；

唐宗宋祖，

稍逊风骚。

一代天骄，

成吉思汗，

只识弯弓射大雕。

俱往矣，

数风流人物，

还看今朝。

译文 1 Snow

Tr. Willis Barnstone

The scene is the north land.

Thousands of li sealed in ice.

ten thousand li in blowing snow.

From the Long Wall gaze inside and beyond

and see only vast tundra.

Up and down the Yellow River

the gurgling water is frozen.

Mountains dance like silver snakes，

hills gallop like wax bright elephants

trying to climb over the sky.

On days of sunlight

the planet teases us with her white dress and rouge

Rivers and mountains are beautiful

and made heroes bow and compete to catch the girl-lovely earth

Yet the emperors Shihuang and Wu Di

Were barely able to write.

The first emperor of the Tang and Song dynasties

Were crude.

Genghis Khan, man of his epoch

and favored by the heaven,

knew only how to hunt the great eagle.

They are all gone.

Only today are we men of feeling.

译文 2 Tune: Spring in Ch'in's Garden Snow

Tr. Eugene Eoyang

Northern Landscape,

Thousand miles around covered by ice,

Ten thousand miles under snowdrifts

On both sides of the Great Wall,

I see vast wastes;

Up and down the Great River,

Suddenly the torrents are still;

Mountains wind around like silver serpents,

High headlands ramble about like waxen elephants,

On the verge of challenging heaven.

A sunny day is best

For watching the red against the white.

Extraordinary enchantment.

The rivers and mountains have this special charm

The inspires countless heroes to great deeds.

Pity the First Sovereign and the martial Emperor had small talent for

literature,

And the founding fathers of Tang and Sung,

Lacked both grace and charm.

In his own generation

favored by heaven

Genghis Khan

Knew only how to bend the bow, bringing

Down the great vulture.

All these are gone now,

To single out the men of high character,

We must look to now, the present

译文 3 Snow-Spring at Soothing Garden

Tr. Zhao Yanchun

The northern land's great view,

What endless sealing ice!

What boundless flying snow!

All that the Great Wall sees,

Is but vast whiteness.

The River, high and low,

Suddenly stops its flow.

Mountains wave silver snakes;

Plains run wax elephants.

To challenge God, here they go.

When it's fine,

All red clad in white hue,

What a brilliant show!

Hills and rills, in bright blow,

Attract countless heroes to bow low.

Pity, Qin and Han's lords,

Had no charm, no much glow,

And Tang' and Sung's sires,

Had no talents, Just so-so.

The proudest of all time,

Genghis Khan.

To shoot hawks but know how to draw a bow,

All gone way,

Who are the greatest ones?

Look here today, lo.

　　从语音层面来判断，译文 3（赵彦春译）较之译文 1 和 2 要优美得多，因为它具备优美的尾韵，且多数诗句押在双元音 /əu/ 上。从中国文化符号的翻译上，译文 3 也显示出其卓越的一面。例如，对于"天公"的翻译，译文 1 和 2 分别翻译成"sky"和"heaven"，而译文 3 则翻译成"God"，更加符合中国人对于"天公"的理解，而对于英语读者来说也能准确地把握这个词的内涵信息。对于"秦皇汉武"，译文 1 和 2 分别译作"emperors Shihuang and Wu Di"和"the First Sovereign and the martial Emperor"，而译文 3 译作"Qin and Han's lords"。译文 2 为英语读者传递的信息比译文 1 丰富了很多，但是还是没有准确地传达原文的信息；译文 3 则准确地传达了原文的信息，并能够让英语读者一目了然。总之，从语音和对原文语义的理解与翻译上来判断，译文 3 都不愧是一篇佳作。

原 文　情愿

林徽因

我情愿化成一片落叶，
让风吹雨打到处飘零；
或流云一朵，在澄蓝天，
和大地再没有些牵连。

但抱紧那伤心的标志，
去触遇没着落的怅惘；
在黄昏，夜半，蹑着脚走，
全是空虚，再莫有温柔；
忘掉曾有这世界；有你；
哀悼谁又曾有过爱恋；
落花似的落尽，忘了去
这些个泪点里的情绪。

到那天一切都不存留，
比一闪光，一息风更少
痕迹，你也要忘掉了我
曾经在这世界里活过

译 文 I would like...

By Lin Huiyin

Tr. Zhao Yanchun

I would like to turn into a leaf

Blown here and there by the wind and rain

Or a fleeting cloud, over the blue

With the land, having no more to do

But hugging tight the heart-breaking sign

To touch on the gloom nowhere to fall

At dusk, at night, on tiptoe I go

All is void, no more tenderness, no

Forgetting I've had the world, and you

Mourning who has ever had romance

And forgetting, as blooms disappear

All the feeling immersed in the tear

Till that day nothing is left at all

Less than a flash, than a breath of wind

Trace, you should, you should forget me too

Who in this world used to live and do

原文是一首现代诗，更接近散文，并无押韵一说，也无平仄规律可循，然而读起来节奏很是优美，特别是诗中所传达的情感，那种欲爱不能、决绝放手之处特别能够打动读者的心弦。赵彦春先生的译文使用了押尾韵的方式，将原诗的优美体现得淋漓尽致，令人拍手称绝。

原 文 女人花

李安修

我有花一朵

种在我心中

含苞待放意幽幽

朝朝与暮暮

我切切地等候

有心的人来入梦

女人花

摇曳在红尘中

女人花

随风轻轻摆动

只盼望

有一双温柔手

能抚慰

我内心的寂寞

我有花一朵

花香满枝头

谁来真心寻芳纵

花开不多时啊

堪折直须折

女人如花花似梦

我有花一朵

长在我心中

真情真爱无人懂

遍地的野花

以占满了山坡

孤芳自赏最心痛

女人花

摇曳在红尘中

女人花

随风轻轻摆动

若是你

闻过了花香浓

别问我

花儿是为谁红

女人花

摇曳在红尘中

女人花

随风轻轻摆动

若是你

闻过了花香浓

别问我

花儿是为谁红

爱过知情重

醉过知酒浓

花开花谢终是空

缘分不停留

像春风来又走

女人如花花似梦

缘分不停留

像春风来又走

女人如花花似梦

女人如花花似梦

译　文 Woman Flower

Tr. Zhao Yanchun

Flower I have one，in my heart she grows

Like a smile，she buds and blows.

Day in and day out，I keenly wait for you.

You haven't stirred my dream though.

Woman flower，in the world she sways.

Woman flower，with the wind she strays.

How I wish your loving hand combed

through

My heart so lonely，my heart so blue.

Flower I have one，her balm loads the sprays.

Who really follows her trace?

The flower now blows

Gather her while you may.

A woman's a dream，a rose.

Flower I have one，in my heart she glows

Good will，true love，no one knows

Now here and there all over the slope grass crawls

I'm Daffodil that hurts and falls!

Women flower，in the world she sways，

Woman flower，with the wind she strays.

How I wish your loving hand combed through

My heart so lonely，my heart so blue.

Women flower，in the world she sways，

Woman flower，with the wind she strays.

If here balm comes to tickle your nose，

Don't ask me for whom the bloom glows.

To know love you love，to know wine you drink

All flowers fall，white or pink.

Nothing is to stay，like spring wind gone away

A woman's a dream，a rose.

Nothing is to stay，like spring wind gone away

A woman's a dream，a rose.

译文是赵彦春先生的译作，也是使用了押尾韵的表现手法，正如赵彦春先生所说："英语从来不缺韵"。

原　文 亮借一帆风，直至江东，凭三寸不烂之舌，说南北梁军互相吞并。

译文1 I shall borrow a little boat and make a little trip over the river and trust to my little lithe tongue to set north and south at each other's throats.

译文2 I shall borrow a little boat for a little trip to entice the north and south to fight against each other with my lithe tongue.

译文 2 使用了英语读者熟悉和喜爱的押头韵的表现手法，读来比译文 1 更为朗朗上口。

原 文 割鸡焉用牛刀？

译文 1 An ox-cleaver to kill a chicken!

译文 2 It is unnecessary to kill a chicken with an ox-cleaver.

译文 3 Needless to kill a chicken with an ox-cleaver. It's like cracking a nut with an elephant.

译文 1、2 和 3 都使用了谐元韵，如 "kill" 押 "chicken"，但是译文 1 使用了感叹号，这在英文标点中很少使用，对英文读者来说比较陌生，还不如使用与原文相同的问号。译文 2 叙述味道太浓，反而缺乏力度，没有更好地体现原文的反问意味。译文 3 使用了英文读者熟悉的 "crack a nut with an elephant"，但是整个句子表达力度不够，也没有体现原文的反问意味，因而感觉对译文 1 稍加修改，变成 "To kill a chicken with an ox-cleaver？"，不仅贴近原文，而且反问力度极强。

原 文 谋事在人，成事在天。

译 文 Human proposes and God disposes.

译文使用了押尾韵，朗朗上口，英文读者喜闻乐见。

原 文 古今多少事，都付笑谈中。

译 文 Alas，so many events，present or past，simply serve as food for their joke and laugh.

译文巧妙使用押头韵的表现手法，朗朗上口，简洁明了。

原 文 鸣凤在竹

白驹食场

化被草木

赖及万方

译 文 Tr. Zhao Yanchun

Phoenixes amid bamboos tweet,

Horses lush grass eat.

Weeds, plants, perfectly rhyme,

Covering even farthest clime.

译文使用押尾韵的方法，令译文更为优美动听。

原 文 二子乘舟

二子乘舟

泛泛其景

愿言思子

中心养养

二子乘舟

泛泛其逝

愿言思子

不瑕有害

译 文 My Two Sons Take the Boat

Tr. By Zhao Yanchun

My two sons take the boat,

Which far away does float.

How grieved I am, my sons;

Up and down my heart runs!

My two sons take the boat,

Which out of sight does float.

How grieved I am, my sons;

Beware of evil ones!

使用押尾韵的表现手法，韵律优美。

原　文 滥交者无友。

译文 1 A friend to all is a friend to none.

译文 2 A friend to anybody is a friend to nobody.

译文 2 使用了押尾韵的方式，如"anybody"对"nobody"，更为朗朗上口，较之译文 1 质量更为上乘。

（7）注重英语译文的节奏感。

前文已经介绍了钱冠连先生总结的莎士比亚喜欢的强弱相间的英语节奏，需要指出的是此种"te-tum te-tum rhythm"论及的是英语句子内部的节奏。而英语句群（或语篇）讲究的是长短句相间。这虽非硬性规则，却是英语读者的一种普遍嗜好，因此汉译英译者如果能够借助诸如标点符号、从句和非谓语动词等语法和非语法手段灵活调整译文句子的长短将能够为读者营造愉悦的阅读体验，从而提高译文质量。请对比如下译文：

原　文 先帝创业未半而中道崩殂，今天下三分，益州疲弊，此诚危急存亡之秋也。然侍卫之臣不懈于内，忠志之士忘身于外者，盖追先帝之殊遇，欲报之于陛下也。

译文 1 The late emperor was taken from us before he could finish his life's work, which is the restoration of the Han and that is why the empire is still divided in three today and our very survival is threatened.

译文 2 The late emperor was taken from us before he could finish his life's work, the restoration of the Han. Today, the empire is still divided in three, and our very survival is threatened.

原　文 臣本布衣，躬耕于南阳，苟全性命于乱世，不求闻达于诸侯。先帝不以臣卑鄙，猥自枉屈，三顾臣于草庐之中，咨臣以当世之事，由是感激，遂许先帝以驱驰。

译文 1 I began as a common man, farmed in my fields in Nanyang and did what I could to survive in an age of chaos and I never had any interest in making a name for myself as a noble. However, the late Emperor was not ashamed to visit my cottage and seek my advice. Since I was grateful for his regard, I responded to his appeal and threw myself into his service.

译文 2 I began as a common man, farming in my fields in Nanyang, doing what I could to survive in an age of chaos. I never had any interest in making a name for myself as a noble. The late Emperor was not ashamed to visit my cottage and seek my advice. Grateful for his regard, I responded to his appeal and threw myself into his service.

原　文 我不知道那些花草真叫什么名字，人们叫他们什么名字。我记得有一种开过极细小的粉红花，现在还开着，但是更极细小了，她在冷的夜气中，瑟缩地做梦，梦见春的到来，梦见秋的到来，梦见瘦的诗人将眼泪擦在她最末的花瓣上，告诉她秋虽然来，冬虽然来，而此后接着还是春，蝴蝶乱飞，蜜蜂都唱起春词来了。她于是一笑，虽然颜色冻得红惨惨地，仍然瑟缩着。

译　文 I have no idea what these plants are called, what names they are commonly known by. One of them, I remember, has minute pink flowers, and its flowers are still lingering on, although more minute than ever. Shivering in the cold night air they dream of the coming of spring, of the coming of autumn, of the lean poet wiping his tears upon their last petals, who tells them autumn will come and winter will come, yet spring will follow when butterflies flit to and fro, and all the bees start humming songs of spring. Then the little pink flowers smile, though they have turned a mournful crimson with cold and are shivering still.

——杨宪益、戴乃迭译

原　文　枣树，他们简直落尽了叶子。先前，还有一两个孩子来打他们，别人打剩的枣子，现在是一个也不剩了，连叶子也落尽了。他知道小粉红花的梦，秋后要有春；他也知道落叶的梦，春后还是秋。他简直落尽叶子，单剩干子，然而脱了当初满树是果实和叶子时候的弧形，欠伸得很舒服。但是，有几枝还低压着，护定他从打枣的竿梢所得的皮伤，而最直最长的几枝，却已默默地铁似的直刺着奇怪而高的天空，使天空闪闪地鬼眨眼；直刺着天空中圆满的月亮，使月亮窘得发白。

译　文　As for the date trees, they have lost absolutely all their leaves. Before, one or two boys still came to beat down the dates other people had missed. But now not one date is left, and the trees have lost all their leaves as well. They know the little pink flowers' dream of spring after autumn; and they know the dream of the fallen leaves of autumn after spring. They may have lost all their leaves and have only their branches left; but these, no longer weighed down with fruit and foliage, are stretching themselves luxuriously. A few boughs, though, are still drooping, nursing the wounds made in their bark by the sticks which beat down the dates; while, rigid as iron, the straightest and longest boughs silently pierce the strange, high sky, making it blink in dismay. They pierce even the full moon in the sky, making it pale and ill at ease.

——杨宪益、戴乃迭译

91

原 文 采莲南塘秋，莲花过人头；低头弄莲子，莲子清如水。今晚若有采莲人，这儿的莲花也算得"过人头"了；只不见一些流水的影子，是不行的。这令我到底惦着江南了。——这样想着，猛一抬头，不觉已是自己的门前；轻轻地推门进去，什么声息也没有，妻已睡熟好久了。

译文1 Then I recall those lines in Ballad of Xizhou Island：

Gathering the lotus, I am in the South Pond.

The lilies, in autumn, reach over my head；

Lowering my head I toy with the lotus seed,

look, they are as fresh as the water underneath.

If there were somebody gathering lotuses tonight, she could tell that the lilies here are high enough to reach over her head； but, one would certainly miss the sight of the water. So my memories drift back to the South after all. Deep in my thoughts, I looked up, just to find myself at the door of my own house. Gently I pushed the door open and walked in. Not a sound inside, my wife had been asleep for quite a while.

—— 朱纯深译

译文2 I also remember some lines from the poem West Islet：

When they gather lotus at Nantang in autumn

The lotus blooms are higher than their heads；

They stoop to pick lotus seeds,

Seeds as translucent as water.

If any girls were here now to pick the lotus, the flowers would reach above their heads too – ah, rippling shadows alone are not enough! I was feeling quite homesick for the south, when I suddenly looked up to discover I had reached my own door. Pushing it softly open and tiptoeing in, I found all quiet inside, and my wife fast asleep.

—— 杨宪益、戴乃迭译

第五章

美学语言学与接受美学视域下英汉语篇词汇层面比译分析

第一节　词与词的审美选择

谈到词的定义，许余龙曾经使用过一个贴切的比喻，他说如果说语音是言语的物质外壳，那么词就是言语的建筑材料。从语言学来看，词是能够独立运用的最小的语言单位，具有一定的形式和意义（许余龙，2002）。关于词的形式与意义之间的关系，学界尚无定论。但是，从美学视角观察，不难发现，有些词的形式简直就是一幅幅或唯美、或生动、或形象的图画。例如，"家"一词的形式就是"屋顶下圈养着一头猪"，一幅温馨幸福的田园图画，与其意义不谋而合。"pig"一词看起来就是"一头卷着尾巴的壮硕的肥猪"，生动而逼真。"dog"看起来就是一条"在主人面前站立着的摇头摆尾的小狗"，活灵活现。"peanut"一看就知道是一种"豆似的坚果"，虽然不是图画，但是其拼写可以让观者自然在头脑中形成图画。因此，部分词的形式，或更贴切地说，词的"外形形态"具有一定的审美价值。

上段开头谈到词是建筑材料，那么接下来让我们谈谈词的运用，特别是从美学视角谈谈词在运用过程中的选择，因为毕竟英汉词的数量之大可谓斗量筲计，近义词和同义词大量存在，自然在言语构建过程中必然涉及采用这个词而摈弃那个词的问题。那么，在言语构建过程中，其选择的标准或依据是什么呢？毋庸置疑，这个标准就是语境。适合语境的词一定是美的词，反之，则是负美的词。概言之，说话、写话或翻译过程中，说话人、写话人或译者为了在恰当的语境中选择恰当的词汇来传情达意而基于词汇的精微词义、文化内涵、语义韵、形态和搭配等方面，在近义词之间展开的刻意性选择就是词的审美选择。词的审美选择既是集体艺术的集中体现，也具备显著的个体和民族差异性。成功的选择，往往令人拍案称绝、赞不绝口，给予人们绝佳的审美体验；反之，则令人有隔靴搔痒、言不及物之感。

钱冠连（2006）曾指出存在两种词的审美选择时刻，一是发生在大脑存储词汇之际。钱冠连（2006）认为"词的入脑的取舍，是经过了人的审美观念鉴别的。人们认为美好的词汇，能够进入大脑，占据一隅，而不符合自己审美观念的词，则如过眼云烟，不能'入库'"；二是发生在信息输出之际。"人在说话（或写话）那一瞬间，在选择词语时具备其内在的根据，即说话人的职业、能力、性格、心智、兴趣、价值观念和审美观念。不同的说话人自觉或不自觉地以美的标准输出自己的词，有的送出质朴白描的词，有的输出华丽文雅的词"。

遵照钱冠连的思路，结合翻译实践，我们认为，可以进一步补充两个词汇的审美时刻，那就是翻译过程中的表达和校对之际，因为翻译实践告诉我们，译者在表达和校对时，其对词语的选择不是凭空而为的，而是根据实用和审美的双重需要来选择词汇的，所以在翻译的表达和校对之际，也存在词的审美选择。

第二节　英汉语篇词汇层面对比实例分析

接受美学并未提供任何具体的研究方法，甚至没有自己的理论体系。它的价值在于颠覆了学界的传统认知，将那些围着"作者"和"文本"团团转而黔驴技穷的人们带入一个崭新的鸢飞鱼跃、草木葳蕤的世界。它规劝人们停止猜测"作者"的动机与目的，甚至将不可一世的"作品"请下圣坛，而转身将"读者"奉为"上帝"，以"读者的接受情况"马首是瞻，充分关照读者的"期待视野"与"阅读体验"。在接受美学的视域下，阅读不再是简单的释词解义，而是赋予读者以愉悦、充实和满足之感的审美活动和审美体验，从此，彤云消散，天高云淡。

同样地，接受美学也为英汉词汇对比与翻译研究指明了方向。它让学者们为了了解英汉读者在言语构建方面的审美趣味和审美倾向而对比，其终极目的是为了帮助译者创造出被译文读者所乐于接受的译文，而不是生产那些仅仅在象牙塔里被推崇的所谓语言上乘的高质量译文。这一思路充分关照了译文读者的期待视野与译文的接受语境。可以说，接受美学视域下的英汉词汇对比与翻译使得译文读者大方而得体地从后台走到了前台，站在聚光灯下，成为舞台的焦点。

时至今日，特别是习近平总书记提出将中国文化推向世界的国家战略后，仅仅关注"译文""译者"而忽视"译文读者"与"译文接受环境"的做法已经无法满足现实需要。

美学语言学为英汉词汇对比与翻译研究提供了一个共同对比的基础，即词的审美选择。美学语言学认为，人们在说话或写话以及翻译的那一瞬间，是要根据外在和内在的两方面的根据来选择词汇的。外在根据包括两方面，一是社会的可接受性，二是听话人的可接受性；而"内在的根据便是说话人的职业、能力、性格、心智、兴趣、价值观念、人生态度、审美观念等等"（钱冠连，2006）。英汉两种语言，由于民族的不同，审美观念和审美趣旨自然不同。鉴于此，我们初步预判，英汉语篇在词的审美选择方面一定存在云泥之别。

让我们首先忽视文体和内容两个重要变量，来初步审视英汉语篇词汇层面审美选择的特点及其差异性。

（1）英语词汇的运用崇尚规则，而汉语词汇的运用则崇尚含蓄。

在词汇的运用过程中，英语词汇追求的是"精确美""严谨美""理性美"，而汉语则追求"含糊""含蓄"与"感性"之美。请观察如下句子中词汇的运用特点：

原 文 真正的武林高手从不欺负弱小的女生。

译文1 True Kongfu master will never bully weak girl.

译文2 A true Kongfu master will never bully a weak girl.

译文2在名词词组"true Kongfu master"和"weak girl"前都明智地添加了不定冠词，用以表征"所有真正的武林高手"和"所有弱小的女生"这两个集体概念。此处增添不定冠词的处理方法不仅恰好准确再现了汉语原文的语义，而且符合英语中不定冠词的使用规则，可以令英语读者轻松理解译文，因此是一个成功的译文。而译文1中不定冠词的缺失，不符合英语的表达习惯，会令英语读者困惑不解，弄不懂译文所要表达的意义。这种译文只能使英语读者如鲠在喉，不仅无法传达原文的信息，更不会给读者带来愉快的审美体验，因此是一个负美的词汇选择行为。英语中词汇的运用往往是基于规则的、理性而精准的，增添哪些词汇，减少哪些词汇，以至于改变词汇的形式都需要依据表达的需要，基于规则进行，否则便会制造理解上的混乱。而汉语较为含糊，如原文"真正的武林高手"和"弱小的女生"两个名词词组的"数"的概念完全需要读者根据语境来判断，从形式上根本无法获知，这就是英语词汇与汉语词汇在意义表征和运用中的差异性。当然，上句也可以通过复数的形式来表达，即"True Kongfu masters will never bully weak girls."，这种表达方式由于隶属语法对比的范畴，将在下章中予以详细讨论。请再观察如下句子：

原 文 A capable man will never fail.

译文1 一个有能力的人永将不败。

译文2 能者永将不败。

上句中译文 1 和译文 2 的区别就在于一个将不定冠词精准地翻译出来，另一个没有翻译。汉语读者乐意接受哪个译文呢？作为中国人，仅凭直觉，我们就能判断出译文 2 是一个成功的译文，而译文 1 不仅由于太过精准地拘泥于英语原文，反而显得译文扭捏作态，搞不清楚"一个"这一数量词在本文的语境中到底力图表达何种信息。除非确实想要表达数的信息，否则汉语不会在名词前面使用数量词。

（2）中国人频繁使用量词来营造生动而丰富的美感。

汉语中量词使用的相当频繁，有时这些量词在句中所表征的意义根本与数量无关，而是中国人隐喻思维的产物。量词常常用来临摹事物的状态、样式，可以体现出生动和丰富的美感。此外，量词有时也用于构建中国读者所酷爱的双音节节奏。请欣赏下述句子中量词的运用及其美感：

原　文 房间里爆发出一阵大笑。

译文 1 The room exploded with a period of laughter.

译文 2 The room exploded with laughter.

原　文 观众中响起一片掌声。

译文 1 Spectators broke into a piece of applause.

译文 2 Spectators broke into applause.

原　文 一丝发抖的声音，在空气中愈颤愈细，细到没有，周围便都是死一般静。

译文 1 A piece of trembling sound vibrated in the air, got thinner and thinner and was surrounded by complete silence.

译文 2 A faint, tremulous sound vibrated in the air, then faded and died away.

以上句子中的译文 1 均试图将汉语原文中的量词"阵""片"和"丝"翻译成英语，反而弄巧成拙，搞得英语读者不知所云，无所适从，因为汉语原文中的"一阵大笑""一片掌声"和"一丝发抖的声音"中的"阵""片"和"丝"的概念都是国人对众人笑声、掌声及微小声音的隐喻性认知,汉语读者读起来会感觉生动逼真、韵律和谐、意象丰富,然而英语读者的期待视野中根本不存在此类背景知识与认知,因此没有必要将这些量词翻译出来。勉强为之,接受效果也不好,亦无法营造与汉语句子相同的审美体验和审美意象。

(3)中国人喜欢使用语气助词来弱化语气以构建含蓄之美。

汉语当中使用了相当多的语气助词,用来表达感情或情绪,缓和语气,减少突兀,体现了中国人说话或写作时的儒雅、委婉与含蓄的风格。请品味如下句中的语气助词:

原文 你还和我犟嘴啊!

译文 How dare you speak back to me!

原文 真奇怪呀!

译文 How weird it is!

原文 是呀,珍妮嫁了个有钱人呢!

译文 Yes, Jenny married a rich guy.

以上句子中汉语原文使用了语气助词,如"啊""呀"和"呢"等来表达气愤、惊讶和羡慕等情绪。作为中国人,我们知道,汉语读者读来立刻能够体会到原文蕴含的感情色彩与信息。而英语中很少使用语气助词,因此以上例句中的译文内均未出现语气助词,如此处理与英语的表达习惯十分契合,不会给英语读者增加认知负担,想必容易被其所悦纳。

(4)利用语用意义与指称意义的错位来构建"讽刺""隐含"之美。

在英汉词汇当中,有时词汇的语用意义与指称意义之间存在天渊之别,因此需要谨慎理解,以免产生误解。这种错位现象能够在读者心中营造"讽刺之美"或"隐含之美",构建一种特别的审美体验,别有一番情趣在内。请留心欣赏如下句中的特殊词汇：

原 文 There are too many good students in our class.

译 文 我们班的好学生"真多"啊！

上句中"too"的指称意义为"太、也、很、非常"，然而在句中与形容词"many"连用就产生了讽刺的意味，其语用意义与指称意义截然不同，因此译文中在"真多"处添加了双引号，很好地表达了这种挖苦的意味，令读者更好地体会其用意，体验其特殊的情趣。

原 文 我哪里照管得这些事！见识又浅，口嘴又笨，心肠又直率，人家给个棒槌，我就认着针了。

译 文 I'm incapable of running things. I'm to ignorant, blunt and tactless, always getting hold of the wrong end of the stick.

上句中"认着针了"与"认真"谐音，指称意义"认针"与语用意义"认真"区别较大，这种巧妙利用谐音来表达意义的做法幽默、生动而智慧，令读者别有一番情趣在心头。但是，如果翻译成英语，其谐音效果不得不被取舍掉。于是，译者巧妙借用英语俗语"get hold of the wrong end of the stick"来表达，起到了异曲同工之效，能够给英语读者带来与原文读者类似的美的享受和体验，真可谓神译之作啊！

原 文 空对着，山中高士晶莹雪；

终不忘，世外仙姝寂寞林。

——《终身误》，曹雪芹，清朝

译 文 Reluctantly,

Married to Xue, arrogant and cold;

Impossibly,

Forget about Lin，forlorn and sad.

An Life-long Error，Xueqin Cao，Qing Dynasty

上句中"雪"与薛宝钗的姓"薛"谐音，"林"与林黛玉的姓"林"谐音，结合诗的标题《终身误》，其语用意义不言而喻。汉语读者能够透过清雅的文字与绝美的风景描写深深感受到宝玉内心的绝望、孤寂和无力，具有很强的情绪感染力。然而，此种谐音效果在英语译文中很难企及，译者不得不退而求其次，采用了意译的方式，直抒胸怀。这一处理方式能够帮助英语读者准确领会宝玉婚后遗憾重重的心情。可惜的是，原文中那高洁的意境美、巧用文字的智慧美以及清秀的文字美均损失殆尽了，不得不说是一种深深的遗憾。

（5）欧美人喜爱创造性地使用介词来营造"生动美"。

英语中的空间介词不仅仅用来表达空间位置，有时还可以表达动作。例如，在表达"约翰正在打电话"这一语义时，英语可以使用"on the line"这样的空间介词。还例如，在表达"苏珊正在减肥"时，英语可以使用"on a diet"；"Tom is on edge at the dentist's office."一句形象地表达了汤姆在牙科诊所等待看牙时胆战心惊、惶惶然的样子。这种语义还可以表达为"Tom is on pins and needles at the dentist's office.""The plan is on the shelf."一句生动地说明了这个计划被搁置了。"Patrick is now on ropes."表明帕特里克正陷入困境当中。类似的表达还有"on medication""under investigation""beyond expectation""on behalf of""on one's way home""on business""on teacher's black-list"等等，不胜枚举。

此外，英语的介词可以与动词连用，使得动词所表达的意义更为丰富、细腻、生动。例如：

原　文　玛丽接受了老师的建议减少看手机的时间。

译文1　Mary accepts her teacher's advice to shorten her time of watching cellphone.

译文 2 Mary is under teacher's orders to cut down her time on cellphone.

原　文 小明十分尊敬自己的父亲。

译文 1 Xiao Ming respects his father very much.

译文 2 Xiao Ming looks up to his father.

原　文 苏珊鄙视说谎的人。

译文 1 Susan despises liars.

译文 2 Susan looks down upon liars.

在上述例句中，中国译者通常会选择译文 1 的翻译方式。然而，殊不知英美读者更加喜爱译文 2。因为这种不及物动词与介词的美好结合，使得不及物动词的语义顿时丰满生动起来，极富画面感。国外读者更加喜欢这种形式简单而语义丰富的表达方式。类似表达还有：look around（四处游荡），talk around（说话绕弯子），hang around（游荡），look into（调查），look through（看穿），ask around（四处打探）等等。

（6）英语中定冠词的使用充分体现了英语所崇尚的"规则美""精确美"。

定冠词 the 与指示代词 this，that 同源，有"那（这）个"的意思，但较弱，定冠词与一个名词连用，来表示某个或某些特定的人或东西。切记，英语的定冠词在应该使用的地方决不能省略，否则视为蹩脚英语。例如：在翻译"大厅此时沉浸在一片漆黑之中"一句时，不能将其译作"Hall was now completely dark."，而应将之译为"The hall was now completely dark."前者为中国人在说英语时常犯的错误，因为汉语中没有定冠词。这种现象即所谓的词类空缺。

为了规范定冠词的使用方法，现将定冠词 the 的用法总结如下：

①特指双方都明白的人或物，例如：Take the medicine。

②上文提到过的人或事，例如：He bought a house and I've been to the

house。

③指世界上独一无二的事物，例如：the sun，the sky，the moon，the earth，the air。

④与单数名词连用表示一类事物，例如：the dollar，the fox，the dog。

⑤与形容词或分词连用，表示一类人，例如：the rich，the dying。

⑥用在序数词和形容词最高级前面。

⑦与复数名词连用，指整个群体，例如：

They are the students of this school.（他们是这所学校的全体学生。）

They are students of this school.（他们是这所学校的学生。）

⑧表示所有，相当于物主代词，用在表示身体部位的名词前，例如：

She caught me by the arm.（她抓住了我的手臂。）

⑨用在某些有普通名词构成的国家名称，机关团体，阶级等专有名词前，例如：

the People's Republic of China（中华人民共和国），the United States（美国）。

⑩用在表示乐器的名词前。

⑪ 用在姓氏的复数名词之前，表示一家人，例如：the Johns（约翰一家人或约翰夫妇）。

⑫ 用在惯用语中，例如：in the day，in the morning...，the day before yesterday，the next morning...，in the sky...，in the darkness....，in the end...，on the whole，by the way...

上文中，我们跨越文体与内容进行了对比与阐释，获得了一些有关英汉词汇审美选择的初步印象，如英语词汇的审美选择相对来说较为理性和基于规则，而汉语则偏感性，更为注重含蓄表达等等。接下来，我们将基于文体与内容对英汉词汇的审美选择进行更为细腻化的对比。然而，如何对比便成为横亘在我们面前的难以逾越的障碍。毕竟前文中给出的仅仅是"词的审美选择"的理论概念，并未给出任何操作概念。经过对词的审美选择概念的理论定义的深入理解，我们决定尝试以词类选择、感官词汇选择、情绪词汇选择、情感词汇选择、词汇语义韵、词的意象内涵6个维度来体现"词的审美选择"，并以此为对比项，展开英汉语篇在词汇层面的对比研究。

我们首先以互联网上下载的有关美国黄石国家公园大峡谷景区和中国太平国家森林公园月宫潭景区的旅游推介语篇为语料展开了赏析与对比。虽然此种对比属于案例研究，一般来说不具备普遍代表性，但是由于黄石国家公园和太平国家森林公园都属于国家级别的景点，选取的又都是其各自官网的介绍语篇，因此具有一定的典型性，可以在一定程度上体现英汉此类文体与内容的词汇选择特点，因而具备一定的参考价值。所选取的英汉景点推介语篇如下：

太平国家森林公园　月宫潭（栖禅谷）分景区简介

景区面积1240公顷，全长3.3公里，南北走向，全程为无障碍设计。谷内四季环境清雅、奇花异草应时开放；河道终年清流不断，飞瀑幽潭随处可见；山势险峻连绵，石峡深邃；虫鸣鸟语，动静相宜。

谷内月宫潭、怜心瀑、地隙潭等优美的自然景观，都有美好的故事流传下来，令人回味。鸠摩罗什生平故事和十八罗汉等雕塑突出了佛教文化的意味。佛教文化主题使前来此地的游客朋友们在享受自然美景的同时也能够了解鸠摩罗什大师一生的传奇故事，彰显他翻译佛经、弘扬佛法，为古代中外文化交流所做出的巨大贡献。

Grand Canyon of the Yellowstone

The specifics of the geology of the canyon are not well understood, except that it is an erosional feature rather than the result of glaciation. After the caldera eruption of about 600,000 years ago, the area was covered by a series of lava flows. The area was also faulted by the doming action of the caldera before the eruption. The site of the present canyon, as well as any previous canyons, was probably the result of this faulting, which allowed erosion to proceed at an accelerated rate. The area was also covered by the glaciers that followed the volcanic activity. Glacial deposits probably filled the canyon at one time, but have since been eroded away, leaving little or no evidence of their presence. The present canyon is no more than 10,000 to 14,000 years old, although there has probably been a canyon in this location for a much longer period. The canyon is 800 to 1,200 feet deep and 1,500 to 4,000 feet wide. The Yellowstone River is the force that created the canyon and the falls. It begins on the slopes of Yount Peak, south of the park, and travels more than 600 miles to its terminus in North Dakota where it empties into the Missouri River. It is the longest undammed river in the continental United States.

The canyon below the Lower Falls was at one time the site of a geyser basin that was the result of rhyolite lava flows, extensive faulting, and heat beneath the surface (related to the hotspot). No one is sure exactly when the geyser basin was formed in the area, although it was probably present at the time of the last glaciation. The chemical and heat action of the geyser basin caused the rhyolite rock to become hydrothermally altered, making it very soft and brittle and more easily erodible (sometimes compared to baking a potato). Evidence of this thermal activity still exists in the canyon in the form of geysers and hot springs that are still active and visible. The Clear Lake area (Clear Lake is fed by hot springs) south of the canyon is probably also a remnant of this activity.

According to Ken Pierce, US Geological Survey geologist, at the end of the last glacial period, about 14,000 to 18,000 years ago, ice dams formed at the mouth of Yellowstone Lake. When the ice dams melted, a great volume of water was released downstream causing massive flash floods and immediate and catastrophic erosion of the present-day canyon. These flash floods probably happened more than once. The canyon is a classic V-shaped valley, indicative of river-type erosion rather than glaciation. The canyon is still being eroded by the Yellowstone River.

The colors in the canyon are also a result of hydrothermal alteration. The rhyolite in the canyon contains a variety of different iron compounds. When the old geyser basin was active, the "cooking" of the rock caused chemical alterations in these iron compounds. Exposure to the elements caused the rocks to change colors. The rocks are, in effect, oxidizing; the canyon is rusting. The colors indicate the presence or absence of water in the individual iron compounds. Most of the yellows in the canyon are the result of iron present in the rock rather than sulfur, as many people think.

两公园景点介绍语篇词汇审美选择对比信息见表 5-1。

表 5-1 中的两个语篇，英语语篇总字数为 549 字，汉语语篇总字数仅为 229 字，毕竟黄石公园的大峡谷是世界闻名的景点，相比之下，月宫潭仅为一个国家级景点。表 5-1 显示此次英语语篇的科技名词使用率（5.1%）远远大于汉语语篇（0.43%），这大概是由于大峡谷独特的地质特征决定的。被选择的科技名词涉及 glaciation，lava flow，caldera eruption，faulting，erosion，glacier，geyser basin 等等。这些词虽然是科技词汇，但是由于在媒体上的曝光率很高，因此几乎家喻户晓，与普通名词无异，仅仅略微增加了阅读难度。

表 5-1　英汉国家公园景点介绍语篇词汇审美选择对比

选择类别		黄石国家公园大峡谷介绍语篇	太平国家森林公园月宫潭介绍语篇
词类选择	字数总数	549	229
	科技名词	5.1%	0.43%
	普通名词	22.2%	26.7%
	连词	3.8%	0.43%
	实义动词	5.1%	3.93%
	系动词	4.73%	0
	助动词	0	0
	情态动词	0	0
	形容词	4.91%	6.11%
	副词	8.92%	0.43%
	介词	7.65%	0.43%
	数词	1.82%	0.87%
感官词汇选择	眼	2.19%	4.37%
	耳	0.91%	2.62%
	鼻	0.55%	1.31%
	舌	0.18%	0
情绪词汇选择	喜		√
	怒		
	哀		
	乐		√
词汇语义韵	中性	√	
	消极		
	积极		√
情感词汇选择	温暖	√	√
	冷淡		
词的意象内涵		广阔而深邃的大峡谷，宇宙的造化，充满了历史的沧桑和岁月侵蚀的印痕，具备极强的感官冲击力与震撼力	中国山水画般优美、平和、清爽的自然景观；浓厚的佛教色彩

如表所示，英语语篇中实义动词的使用量约为汉语语篇的 1.3 倍，说明其动感仍旧强于汉语语篇。汉语语篇中形容词的使用率（6.11%）显著大于英语语篇（4.91%）。一如既往，英语语篇中介词的使用率远大于汉语语篇。

副词的使用率此次在英语语篇中很高，约为 8.92%，多用于修饰语气（如 was probably the result of this faulting）或动词（如 hydrothermally altered），而其在汉语语篇中的使用率依旧很低，约为 0.43%，几乎可以忽略不计。数词此次在英语语篇中的使用率大于汉语语篇。

英语语篇中采用了能够引起视觉、听觉、嗅觉和味觉反应的词汇，堪称一次感官盛宴，最大限度地为读者营造出一种完美的审美体验。特别是能够刺激读者视觉的词汇占据 2.19%。与英语语篇类似，汉语语篇也推出了一场感官大宴，其中视觉刺激词汇使用最频繁（4.37%）。其刺激听觉和嗅觉的词汇的使用率均远大于英语语篇，表明汉语语篇相比之下更注重读者的感官享受。美中不足的是，汉语语篇中未发现刺激味觉的词汇。

表 5-1 中显示，英语语篇的语义韵为中性，说明其内容更为客观；而汉语语篇则充斥了喜乐和积极的精神，充满了享乐主义和浪漫主义的意蕴。汉英语篇均采用了半正式文体，它们虽均未在语篇中显性地称呼读者，但是通篇能够感受到作者对其潜在读者的关怀。

根据两个语篇词汇的意象内涵，不难看出，英汉语篇差异显著，英语语篇营造的是感官的冲击力和震撼力，通过历史的沧桑感以及宇宙的庞大来映衬人的渺小，而汉语语篇似乎意在深入读者内心的精神世界，在读者心灵深处植入平和、喜乐的情绪，可见，英汉景点推介语篇在审美观念，以及为读者赋予的审美体验方面具有显著的差异性。

接下来，我们再以太平国家森林公园和黄石国家公园推介网页中有关生物介绍的语篇为例，进行英汉词汇层面的审美选择对比研究。所摘取的英汉语篇如下：

生物物种繁多珍稀
——摘自太平国家森林公园推介网页

景区森林覆盖率超过 96%，丰富的森林资源和山地环境，孕育了丰富多样的生物物种，有各种草本植物 800 多种，野生动物 250 余种，堪称大秦岭天然的物种基因库，滋养了金丝猴、红腹角雉等珍稀物种；秦岭梁纯净、自然的高海拔生态系统，吸引了羚牛、黑熊在此出没；特别是天然形成的万亩紫荆花海、红桦林，鲜艳绮丽、蔚为壮观，被誉为"大秦岭的天然绝景"。

英汉野生动物语篇
——摘自黄石国家公园推介网页

The Yellowstone National Park is also home to a number of wildlife species, including wolves, grizzlies, elk and bison, all found in their natural habitats. To those who come to visit this park, it offers a number of attractions and activities like hiking, boating, cycling and wildlife viewing. If you have an avid interest in history, geology and geography, this park is a treasure cove waiting to be explored with its dramatic landscape that includes canyons, falls, geysers and water bodies that you wouldn't find anywhere else in the world. Out of all the wonderful places you can plan to visit this summer, the Yellowstone National park is the most amazing of all and definitely a must-visit spot on your travel list.

上述两篇语篇的词汇信息见表 5-2。

上述两语篇均涉及对不同种类生物的介绍以及对公园景色的描写。英语语篇词汇选择动机为"劝诱、吸引"，而汉语语篇的词汇选择动机为"吸引"，没有出现任何"劝诱性"词汇。

表 5-2　英汉国家公园生物介绍语篇词汇审美选择对比

选择类别		黄石国家公园生物介绍语篇	太平国家森林公园生物介绍语篇
词类选择	字数总数	124	168
	科技名词	1.6%	3.5%
	普通名词	31.5%	16%
	连词	3.2%	0.6%
	实义动词	8.9%	5.4%
	系动词	3.2%	0
	助动词	0	0
	情态动词	1.6%	0
	形容词	4%	16%
	副词	0.8%	0.5%
	介词	8.1%	0
	数词	0	1.8%
感官词汇选择	眼		1.8%
	耳		
	鼻		0.6%
	舌		
情绪词汇选择	喜	√	√
	怒		
	哀		
	乐		
词汇语义韵	中性		
	消极		
	积极	√	√
情感词汇选择	温暖	√	√
	冷淡		
词的意象内涵		野狼、野牛、麋鹿和猩猩的天然栖息地,瀑布、泉水密布,共同构建了一处天堂般的存在	好似学术氛围浓厚的纪录片,片中存在高原风景区、绿色的大森林和各种野生动植物。吸引人,然而略微枯燥、干巴

汉语语篇中科技名词的使用率超过英语语篇科技名词使用率的两倍还多。汉语语篇普通名词的使用率约为英语语篇的一半，说明汉语语篇的阅读难度远高于英语语篇，其学术性远高于英语语篇，因而其所针对的读者群多为教育程度较高者，而英语语篇更为读者友好（reader-friendly），充分关照了教育程度一般的读者的阅读舒适度。

英语语篇中连词的使用率（3.2%）远高于汉语语篇（0.6%），表明英语语篇注重语篇内部的显性衔接。英语语篇中实义动词的使用率（8.9%）大大高于汉语语篇（5.4%），表明英语语篇动态性强于汉语语篇。汉语语篇中数词的使用率大大高于英语语篇，显示出中国人对精确的要求。而在 124 字的英语语篇中未发现一个数词。

英语语篇中情态动词的使用率为 1.6%，而汉语语篇中未发现情态动词的运用。众所周知，英语中情态动词具备一定的词义，体现了说话人的情绪、态度或语气。本英语语篇中采用的情态动词为 would（"If you have an avid interest in history, geology and geography, this park is a treasure cove waiting to be explored with its dramatic landscape that includes canyons, falls, geysers and water bodies that you wouldn't find anywhere else in the world."），用来强调此种美景仅此一处，如果错过此地，将来根本不可能在黄石公园以外的其他地方邂逅此景。

从形容词的使用来看，汉语语篇是英语语篇的 4 倍，昭示着汉语语篇对事物的性质、状态、特征或属性的描写较之英语语篇更为细腻、详尽。英语语篇副词的使用率与汉语不相上下，且均很低，分别为 0.8% 和 0.5%。然而，英语语篇介词的使用率（8.1%）大大高于汉语语篇（0），彰显了欧美人对空间的敏感性与执着，以及对介词的创造性运用的深爱。

无论英文语篇还是汉语语篇，其选择的词汇均营造的是喜乐、积极和温暖的感觉。汉语语篇中存在对视觉进行关照的词汇，而英语语篇不存在类似词汇。

另外，英语语篇以第二人称称呼读者，有效地拉近了作者与读者之间的距离。遗憾的是，汉语语篇中尚未发现对读者的称呼，这一方面汉语语篇显得相对冷淡。从英语语篇中选择的词汇可以判断，英语语篇选择了非正式文体，而汉语为正式文体，似乎有意放弃了亲和力，营造了学术性氛围。

下来，我们再以虎鲸妈妈与去世幼崽的英汉新闻为例进行英汉词汇审美选择对比。

有段时间，无论打开手机或是电脑，映入眼帘的都是有关虎鲸妈妈及其去世幼崽的新闻。虽然与自己的宝宝只有半小时的缘分，然而虎鲸妈妈连续17天在波涛汹涌的大海中始终用头顶着自己不幸去世的幼崽，久久不忍放手。刚刚生产完的羸弱不堪的虎鲸妈妈一边顶着自己宝宝的尸体，一边随着虎鲸群向其他水域转移。饥饿、寒冷、疲乏、困倦都无法让她放弃。在整整 17×24 个小时里，宝宝一遍遍滑落，而她一次次潜入海底把心爱的孩子打捞起来，一刻都不敢松懈。这令人心碎的一幕，被谱写成英汉不同语言的新闻稿，在互联网和手机上疯传。全世界的人们为之痛心，称之为所有母亲都懂的壮举。那么面对这一桩感人的事件，英汉两种语言新闻稿件中的词汇选择是否存在差异呢？让我们为此做一番细致的探索与比较。相关英汉新闻语篇如下：

虎鲸妈妈为了去世的宝宝悲鸣

这是一个悲伤的夏天。7 月 24 日，在加拿大西南部海岸的人们见证了一幕令人心碎的场景。在那里，有一只虎鲸宝宝刚刚出生半小时就不幸去世了。然而，它的妈妈却拒绝离开孩子的尸体，一直用头顶着宝宝在水里游。就这样，24 小时过去了，在孩子去世后一直没有进食的虎鲸妈妈依然顶着宝宝的尸体，在海洋里痛苦地前行。每次宝宝从妈妈头顶上滑落，他都要做 6~7 次呼吸，才能进行一次长时间的深潜，去把宝宝再次捞上水面。华盛顿生物保护研究中心的科学家说，虎鲸妈妈不是不知道孩子已经回不来了，只是舍不得放手。这种把孩子的尸体顶着的行为，是鲸豚类哺乳动物表达自己悲伤的方式之一。因为虎鲸怀孕的周期比人类还长，通常要17、18个月才产子，身为聪慧的鲸豚类哺乳动物，虎鲸妈妈对孩子的爱，不会比人类的要少。

然而，因为海洋环境污染，不仅虎鲸的生存环境恶化，它们赖以为生的食物王鲑也正在不断减少。这种生离死别的悲伤情景，发生的次数越来越多。2007至2014年间，三分之二的新生虎鲸都死了。在过去的三年里，这片海域没有一例新生的虎鲸宝宝存活了下来。曾有科研者将死去的鲸鱼宝宝拖到岸上去安葬，鲸鱼妈妈也会一直跟着，直到无法再游过去的浅水区，妈妈才停下来，依依不舍地留在原地，定定地看着自己远去的孩子。如今，当地的虎鲸群只剩下75个成员。这也意味着或许在不远的未来，如此聪慧的动物种群将会彻底从地球上消失。

——摘自 Ins Daily

The stunning, devastating, weeks-long journey
of an orca and her dead calf

A grieving orca was spotted off the coast of Washington state Thursday, carrying her dead calf through the Pacific Ocean for the 17th day in a journey that has astonished and devastated much of the world.

Tahlequah, as the mother has come to be called, gave birth on July 25 in what should have been a happy milestone for her long-suffering clan. As Allyson Chiu wrote for The Washington Post, the pod of killer whales that roams between Vancouver and San Juan Island has dwindled to 75 members over the decades. The cause is no mystery: Humans have netted up the whales' salmon, driven ships through their hunting lanes and polluted their water, to the point that researchers fear Tahlequah's generation may be the last of her family.

The 400-pound, orange-tinted baby that wriggled out of her that morning was the first live birth in the pod since 2015, Chiu wrote. It lived about half an hour.

People love to anthropomorphize animals, often fallaciously. But studies have found that orcas really do possess high levels of intelligence and empathy, and emotions that may not be totally alien to our own.

So, when Tahlequah did not let her emaciated calf sink to the bottom of the Pacific, but rather balanced it on her head and pushed it along as she followed her pod, researchers thought they understood what was happening.

"You cannot interpret it any other way," Deborah Giles, a killer whale biologist with the University of Washington, told Chiu. "This is an animal that is grieving for its dead baby, and she doesn't want to let it go. She's not ready."

That was the beginning of a long funeral procession. "The hours turned into days," Chiu wrote two days after the death. "And on Thursday she was still seen pushing her baby to the water's surface."

And still the next day, and through the weekend, and into the next week and next month.

The act itself was not unprecedented, but researchers said it was rare to see a mother carry her dead for so long. It couldn't have been easy for her. Tahlequah's pod travels dozens of miles in a day, Chiu wrote, and she pushed her baby' hundreds of pounds every inch of the way. She was forever picking up the body as it sank, hoisting it out of the water to take a breath, and repeating.

Researchers with the Canadian and U.S. governments and other organizations tracked her all the while, the Seattle Times wrote. They hoped to capture the calf once Tahlequah finally let go, and discover why it had died-as nearly all the babies in this pod seemed to die.

But Tahlequah would not let go. Eventually, researchers stopped calling what they were witnessing "rare" and began using the word "unprecedented."

And the phenomenon was no longer of purely scientific interest.

People wrote poems about Tahlequah, and drew pictures. People lost sleep thinking about the whale. A scientist cried thinking of her. Tahlequah inspired politicians and essayists-and a sense of interspecies kinship in some mothers who had also lost children.

And still, Tahlequah carried her child. The world's interest in her feat finally grew to encompass her whole family.

This week, the Times wrote, biologists and government officials began working on a plan to save the youngest living member of Talhequah's pod-a 3-year-old orca that appears to be on the brink of starvation. They're now tracking the young whale-Scarlet-in an attempt to feed her antibiotic-laced salmon. In that sense, maybe, Tahlequah's doomed calf did bring new hope to the pod, which had previously swam and struggled in near anonymity.

At the same time, the mother's obsession has become gravely concerning to researchers. The effort of pushing her calf-for about 1,000 miles by now-is probably making her weak and keeping her from finding enough food. "Even if her family is foraging for and sharing fish with her," Giles told the Times this week, the whale "cannot be getting the... nutrition she needs to regain any body-mass loss that would have naturally occurred during the gestation of her fetus." The scientists have ruled out attempting to force her to give up the calf, according to the Times. Her emotional bond is simply too strong. All they can do is hope Tahlequah decides to do so herself before long. Whenever she's ready.

From Washington Post

有关虎鲸妈妈与其去世幼崽的英汉新闻词汇审美选择对比信息见表 5-3

表 5-3　有关虎鲸妈妈与其去世幼崽的英汉新闻词汇审美选择对比

选择类别		汉语报道	英语报道
词类选择	字数总数	570	752
	科技名词	3%	3%
	普通名词	13%	20%
	连词	3%	45%
	实义动词	29%	73%
	系动词	3%	15%
	助动词	0	13%
	情态动词	0	9%
	形容词	15%	28%
	副词	10%	10%
	介词	8%	57%
	数词	10%	7%
感官词汇选择	眼	13%	26%
	耳	2%	1%
	鼻	1%	1%
	舌	0	0
情绪词汇选择	喜		
	怒		
	哀	√	√
	乐		
词汇语义韵	中性		
	消极	√	√
	积极		√
情感词汇选择	悲痛	√	√
	幸福		
词的意象内涵		一个悲伤的故事。悲伤得撕心裂肺。一片漆黑，看不到一丝希望	一个悲伤的故事。结尾可见一束希望的亮光

注：表中形容词包括做定语成分的现在分词和过去分词，名词包括了动名词。

表 5-3 显示，英汉两种语言报道的词汇选择动机都是为了触动心灵，这一点高度一致。在总字数分别为 570（汉语报道）和 752（英语报道）的语篇中，英语报道中科技名词的使用量与汉语报道相同，均为 3%。与上文中比较结果相同，英语报道中普通名词的使用比率约为汉语报道的 2 倍多；此外，英语报道中实义动词的使用比率约为汉语报道的 2.5 倍多；英语报道中助动词和情态动词的使用率分别高达 13% 和 9%，而汉语报道中未发现任何助动词与情态动词；英语报道中介词的使用率依旧很高，约为汉语报道的 7.1 倍；汉语报道的数词使用比例（10%）依旧远高于英语报道（7%），仍旧突破了人们的预期。

异于上文中的两次对比研究，本次对比研究中英语报道大量使用了形容词（28%），约为汉语报道的 1.9 倍，显示此次英语报道中的描写内容相比汉语报道更为细腻。出乎意料，汉语报道中副词的使用率与英语报道势均力敌，均为 10%。

英语报道和汉语报道中都大量使用了感官词汇。英语报道中视觉刺激类词汇的使用率（26%）约是汉语报道（13%）的 2 倍，为读者赋予了更为丰满的视觉感受。受限于报道内容，英汉报道中均未发现味觉刺激词汇，这也在预期之中。

英语报道和汉语报道营造的情绪都很哀伤、悲痛。两种语言报道中词汇的语义韵均呈现出消极的意蕴。然而，英语报道在消极词汇群中选择了一些积极的字眼，例如 "In that sense, maybe, Tahlequah's doomed calf did bring new hope to the pod, which had previously swam and struggled in near anonymity." 使得读者能够在悲观失望之际也能够感受到丝丝阳光与希望。另外，英汉报道均选用了非正式文体，读来近乎散文，更为朴实。

值得一提的是，英语报道使用了 "People love to anthropomorphize animals, often fallaciously. But studies have found that orcas really do possess high levels of intelligence and empathy，and emotions that may not be totally alien to our own."这样的字眼，目的是增加报道的客观性，减少报道主观色彩，提升报道内容的可信度，而汉语报道似乎并不介意这一点。

总之，通过以上对比，我们可以总结出如下英汉词的审美选择上的显著差异：

（1）英语依据明确规则频繁选择使用冠词、介词、情态动词和衔接词。

（2）英语形名、动宾、状动等搭配有时与汉语不同。

（3）英语中形容词和名词叠砌现象不多。

（4）英语中不存在量词。

（5）英语中感叹词数量有限。

（6）汉语中不存在定冠词。

（7）汉语较少选择使用介词。

（8）汉语中形容词、名词叠砌使用较多，表达夸张。

（9）汉语中大量使用量词，表达精微词义。

（10）汉语较多选择使用感叹词。

（11）汉语较少选择使用衔接词。

（12）汉语频繁使用四音节词汇和双音节词汇。

第三节　词汇层面翻译策略的构建

依据前一节对比结果，可以看出，英汉语篇在词汇的审美选择层面存在一些鲜明的差异性，这些差异性与英汉民族的审美嗜好、语篇内容、语篇文体类型以及语言特征息息相关。例如在介绍景点的时候，英语语篇多选用具备感官冲击力和震撼力的词汇，喜欢借助历史感和宇宙的浩瀚无垠来映衬人类的渺小与无力，而汉语语篇更注重进入读者的内心世界，在读者心灵深处营造美妙的体验和感动。英语语篇多创造性地使用介词，意在通过隐喻的方式，丰富词汇的意义，从而丰富语义，营造美感。汉语语篇多倾心于使用四字词汇来构建美感、丰富语义。现代汉语语篇对双音节词汇情有独钟，大有不使用双音节词汇绝不甘休的趋势。正是基于上一节的对比，我们提出了如下翻译策略。

（1）介词活用。

所谓"活用"就是灵活处置的意思。我们知道，汉语语篇中对介词的使用很少，因此在英译汉中，我们就要根据语义表达的需要，保留或者删去介词，但是，需要将英语中介词的语义表达出来。例如：

原 文 As I sat down on that cold and humid night, there seemed to be nothing but sadness thrashing around in my brain.

译文 1 我坐在那个寒冷、潮湿的夜晚里的时候，头脑里除了翻腾的悲伤以外，一片空白。

译文 2 深夜，寒冷而潮湿，我坐下来，心中翻腾起伏，充满了悲伤。

译文 1 将原文中的介词"on"原封不动地译作"在……的夜晚里的时候"，不得不说，这没有任何错误。然而，显然令译文缺少了一分灵性和自然，增添了一分僵化和生硬。译文 2 剔去了"在……的时候"这种介词性词汇，只是将原文的意义表达齐全，这样处理后，整个句子读起来十分顺口而生动。

原 文 I patted her on the back.

译文 1 我轻拍在她的背上。

译文 2 我轻拍着她的背。

译文 1 将"patted her on the back"准确无误地翻译成"在她的背上"，没有任何错误，只是生硬之感扑面而来。译文 2 翻译成"轻拍着她的背"，就自然很多。

原　文　There was a troubled frown on his weather-beaten face.

译文 1　他饱经风霜的脸上双眉紧锁。

译文 2　他的脸饱经风霜，双眉紧锁。

译文 1 将"on"翻译成"……上"绝不能说翻译错误了，但是将之与译文 2 对比一下，不难发现，虽然译文 2 没有任何"on"的痕迹，但是原文的语义被自然地成功再现，中国读者更为喜爱哪一个译文，不言而喻。

原　文　During the whole of a dull, dark, and soundless day in the autumn of the year, when the clouds hung oppressively low in the heavens, I had been passing alone, on horseback, through a singularly dreary tract of country.

译文 1　是年秋天的一个沉闷、阴沉和安静的一整天里，乌云低沉，令人压抑。我独自一人策马行进，穿过一条异常寂寥的乡间小路。

译文 2　是年秋天某日，一整天天气阴沉，昏暗而又寂静，乌云低沉，整整一天，我独自一人策马行进，穿过一条异常寂寥的乡间小路。

与译文 1 中"是年秋天的一个沉闷、阴沉和安静的一整天里"相比，显然，译文 2 中"是年秋天某日，一整天天气阴沉"，更为流畅、自然，读者更易轻松获得美的体验。

原　文　With wife Michelle, daughters Sasha and Malia and his White House retinue in tow, Mr. Obama struck out into the wilderness on the third day of a four-day tour through western mountain states aimed at defending his health care reform bid.

译文 1　奥巴马及其夫人米歇尔，女儿萨沙和玛利亚以及他的白宫随从人员一起，在四天穿越西部山区各州致力于为其医疗改革方案辩护的行程的第三天里忙里偷闲，游览了西部荒野。

译文 2　奥巴马此次西部山区之旅为期四天，主要目的是为他的医疗改革方案进行辩护。在整个行程的第三天，奥巴马和妻子米歇尔，女儿萨沙和玛利亚以及他的白宫随从人员忙里偷闲，游览了西部荒野。

译文 1 竭力将原文中的"with..."精准再现为"与……一起"，因此令译文读起来犹如老太太的裹脚布，又臭又长。不仅译者自己表达吃力，读者读起来也嶙峋不平，甚为拗口。译文 2 的处理方法就灵活许多，句式不长不短，易于理解，自然更易于被读者悦纳。

（2）巧译动词。

英文语篇中大量使用动词，对动词的翻译要依据语境灵活处置，其宗旨就是令译文生动形象，为译文读者营造良好的审美体验。例如：

原　文 At other houses the doors were slammed in my face，cutting short my politely and humbly couched request for something to eat.

译文 1 在另外一些人家，门砰地关上，几乎打在我的脸上，将我礼貌和谦恭措辞的讨饭要求打断了。

译文 2 我到了另外一些人家，谦恭有礼地请求他们给我点东西吃，可话还没讲完，门就被砰的一声关上了，几乎飙到我脸上。

译文 1 将"the doors were slammed in my face"译作在"门砰地关上，几乎打在我的脸上"，而译文 2 译作"门就被砰的一声关上了，几乎飙到我脸上"，对比后不难发现，译文 1 和译文 2 都使用了"砰"这一象声词。原文中并未对声音进行描述，"砰"是译者根据语境加上的，使得对动词"slam"的翻译更为生动和丰满。此外，译文 1 使用"打"这个动词，译文 2 使用了"飙"一词，显然，译文 2 的翻译更为形象，更能够体现原文语义。

另外，原文中"my politely and humbly couched request for something to eat"是一个静态性的名词词组，译文 1 将之同样翻译为一个汉语的名词词组——"我礼貌和谦恭措辞的讨饭要求"，而译文 2 将之翻译为一个动态的表达——"谦恭有礼地请求给我点东西吃"，这种静改动的做法，使得译文更符合汉语的表达习惯，因而让读者的阅读活动更为轻松舒适。

原　文 The desire to move about unknown in the well-clad world, the world of the frequenters of costly hotels, the world to which he was accustomed, had overtaken him. Moreover, he felt hungry.

译文 1 在衣冠华丽的世界来往的愿望压倒了他。那是豪华饭店常客的世界，是他所熟悉的世界。再说，他也饿了。

译文 2 这是个衣冠华丽的世界，是豪华饭店常客的世界，也是他所熟悉的世界。他极想在这个世界里默默无闻地走动，再说，他也饿了。

译文 1 将原文中的名词"desire"不折不扣地翻译成"……的愿望"，导致"愿望"一词带了一个长长的定语，不符合汉语的表达习惯。译文 2 巧妙地将"desire"翻译成"他极想……"，从而避免了冗长定语的使用，退去了译文 1 做作的洋腔洋调。

原　文 My opinion of you is that no man knows better than you when to speak and when others to speak for you; when to make scenes and threaten resignation; and when to be as cool as a cucumber.

译文 1 我对你的看法是没人比你知道何时该说话，何时该让别人替你说话；何时该大闹起来，并以辞职相逼；何时该保持高冷。

译文 2 我认为没人比你知道何时该说话，何时该让别人替你说话；何时该大闹起来，并以辞职相逼；何时该保持高冷。

译文 1 将原文中的"My opinion of you is..."这一静态表达方式原原本本地翻译成"我对你的看法是……"，这样的处理方式令表语过长，且翻译腔浓厚，读起来十分拗口。译文 2 将"My opinion of you is..."翻译成动态的"我认为……"，这样处理后更容易组织后面的语言，令译文通畅自然，遵循了汉语的表达习惯的同时，也使得读者的阅读体验刹那间变得轻松愉快许多。

（3）描述添加。

比较而言，有时，英语表达中较少使用描述性语言成分。例如有时作为前置定语的形容词在英语中使用的频率不高。鉴于此，为了减少汉语读者的阅读负担，增加其阅读乐趣，在英译汉的时候，建议译者根据原文语义，在汉语译文当中适当增添描述性言语。例如：

> 原 文 As Natalie turned from the window, her eyes caught a gleam from the topaz eyes of the tiger in the hallway.

> 译文 1 娜塔莉从窗口转过身，她的眼睛正瞥见过道里老虎那黄玉眼睛发出的光芒。

> 译文 2 娜塔莉从窗口转过身，正瞥见放在过道里的老虎，那一对透明晶亮的黄玉眼睛闪烁着咄咄逼人的光芒。

译文 1 原封不动地将原文中"topaze eyes"转换成汉语的"黄玉眼睛"，然而对于汉语读者来说似乎有种不甚明了的感觉，无法激发审美体验。而译文 2 恰到好处地译为"一对透明晶亮的黄玉眼睛"，立刻让汉语读者一目了然，对原文所要表达的语义充分理解，且能够清晰感受到原文中那闪烁着光芒的炯炯有神的老虎眼睛的美感。

> 原 文 Tess, having quickly eaten her own meal, beckoned to her eldest sister to come and take away the baby, fastened her dress, put on the buff gloves again, and stooped anew to draw a bond from the last completed sheaf for the tying of the next.

> 译文 1 苔丝快速吃完饭，招呼她大姐来接走孩子，然后她把衣服系紧，又一次戴上黄皮革手套，弯腰抽出上次捆好的麦穗，去捆下一捆麦子。

> 译文 2 苔丝急急忙忙吃完饭，招呼她大姐来接走孩子，然后她把衣服扎得紧

紧的，又一次戴上那双黄褐色的牛皮手套，弯腰从刚捆好的麦捆中抽出一些麦穗，编了一个草扣，去捆下一捆麦子。

与译文 1 相比，译文 2 增添了"急急忙忙""紧紧的""黄褐色的"细节性描述言语成分，可以让汉语读者更好地在头脑中形成电影般的视觉效果，从而提升汉语读者的阅读审美体验。

原　文 The birch is softly rustling gold，which is now fluttering down like an unending stream of confetti.（李兴运）

译文 1 白桦树轻轻摇动金色的叶子，像无尽的五彩纸屑朝地面飘落。（李兴运，2011）

译文 2 白桦树婆娑轻摇，一片片金色的叶子飘飘落地，犹如那洒向新娘的不绝如缕的无色彩纸。（李兴运）

与译文 1 不同，译文 2 增添了"婆娑轻摇""一片片""飘飘落地""犹如那洒向新娘的"等描述性言语成分，在不违背原文的情况下，为读者勾勒出一幅动态的色彩斑斓的秋景图，其美感不言而喻。

原　文 The innate love of melody，which she had inherited from her ballad-singing mother，gave the simplest music a power over her which could well-nigh drag her heart out of her bosom at times.

译文 1 她母亲很是爱唱民歌，她也由她母亲那儿继承了生来就好歌曲的天性，所以有的时候，最简单的音乐，对她都有一种力量，有时几乎能把她那颗心，从她的腔子里揪出来。（李兴运）

译文 2 这种对乐曲的天生爱好，是她从爱唱民歌的母亲那里继承的，就连最简单的音乐，有时也能对她产生一种回肠荡气、沁人肺腑的力量。

译文 2 刻意通过增添前置定语，将原文"a power"译为"一种回肠荡气、沁人肺腑的力量"，有益于诱发读者美感的产生。而译文 1 仅仅译为"一种力量"，有可能令汉语读者抓耳挠腮，不知所云。

原　文 This proposal of his, this plan of marrying and continuing at Hartfield——the more she contemplated it, the more pleasing it became. His evils seemed to lessen, her own advantages to increase, their mutual good to outweigh every drawback.

译文 1 他的这种提议，这种结婚与继续停在哈特菲尔德的计划——她越想越高兴。他的不幸似乎在减少，她自己的利益似乎在增加，他们共同的好处似乎超越了任何障碍。（李兴运）

译文 2 他提议结婚并继续留在哈特菲尔德庄园过他们的小日子。这让她越思量想越沾沾自喜。他似乎不那么坏了，这事于她好像也是好处多多，对他俩的种种益处也好像大大超过所有弊端。

译文 2 添加了"过他们的小日子""沾沾自喜""好处多多""种种益处""大大超过"诸如此类的描述性言语，目的是增加表达的生动性，消除汉语读者的阅读障碍，减少汉语读者的认知努力，改善汉语读者的阅读审美体验。

原　文 The emphasis was helped by the speaker's mouth, which was wide, thin and hard set.

译文 1 说话人那又阔又薄又紧绷绷的嘴巴，更加强了语气。（李兴运）

译文 2 说话人薄薄的嘴唇费力地、尽可能地张大，撑得紧绷绷的，无形中愈发强化了他的语气。

译文 2 使用"嘴唇费力地、尽可能地张大，撑得紧绷绷的"来表达原文的语义。译文 2 较之译文 1 的优点在于生动、形象，画面感更强，讽刺意味更浓。这不仅很好地传达了原文的表达意图，还更加渲染了幽默的意味，令汉语读者读起来妙趣横生。

原　文 And for once the world where she had lived and been so happy seemed to her truly to be an old world where the customs and the walls were older than the people...

译文1 她曾一度生活过的那个愉快的世界如今对她来说陈旧不堪，习俗和墙面比人还陈旧。

译文2 一度，这个她曾生长于兹、怡然自乐的世界似乎真的老朽而衰败了。那些古旧落后的习俗，以及斑驳破败的围墙似乎比那群耄耋老人们还要衰老不堪。

译文2中"生长于兹、怡然自乐的世界似乎真的老朽而衰败了""古旧落后的习俗，以及斑驳破败的围墙""那群耄耋老人们""衰老不堪"等等表达，与译文1"一度生活过的那个愉快的世界如今对她来说陈旧不堪""习俗和墙面比人还陈旧"的简单表现方式相比，多了很多细节性的描述，从而使得译文更为细腻、生动，画面感更强，因而更易于深入汉语读者的心灵深处，产生强烈的影响，提升阅读审美体验。

原　文 When he faced us again, he was huge and handsome and conceited and cruel.

译文1 再次面对我们时，他高大、英俊、自负而残忍。

译文2 再次面对我们时，他已变得身材魁梧、相貌堂堂，然而心高气傲、冷酷无情。

与译文1相比，译文2的表达更为细腻，对汉语读者来说画面感更强，文学味道更浓，更能够带来良好的阅读审美体验。而译文1则枯燥、干瘪、乏味。

原　文 And all the farmers from around came, and they found against the wall of the farm a nest of eight great serpents, fat with milk, who were so poisonous that even their breath was mortal...

译文 1 周围的农夫都来了。他们发现农庄的墙边有个蛇窝，窝里有八条奶肥奶肥的大蛇，它们太毒了，甚至呼吸都能致命。

译文 2 四邻的农夫都奔来了。他们在农庄的墙边发现了一个硕大的蛇，里面盘着八条毒性极强的毒蛇，条条肥硕圆实。毒蛇们吐着分叉的舌头，立起蛇头逼视着人们，似乎呼出的气息都能让人瞬间毙命。

译文 2 使用了描述性言语成分，如"盘着""毒性极强的""肥硕圆实""分叉的舌头""逼视""让人瞬间毙命"等等，不仅画面感强烈，而且震撼性强，能够立刻令人胆寒。值得指出的是，这些描述性言语并非原文词汇，而是根据原文词汇所传达的意象由译者增添的。这样做的好处在于，忠实原文的同时，增强了文学性和感染力。

原 文 The doctor had never seen him in better spirits.

译文 1 医生从未见他有这么好的精神。

译文 2 医生从未见过他这么的精神抖擞。

译文 1 和译文 2 的区别在于译文 2 更为生动，画面感更强。

（4）正确使用冠词。

汉语中没有冠词，特别是定冠词，冠词是英语的重要特色之一。英语中运用冠词时有着自己严苛的规则，不是随便就可以使用的，因此在汉译英实践中，应该对冠词的使用予以充分重视，不可含糊。例如：

原 文 她的脸上浮现着挥之不去的悲伤。

译文 1 On her face，there is sadness that won't go away.

译文 2 On her face，there is a sadness that won't go away.

译文 1 中没有使用不定冠词，属于语法错误，会给英语读者带来不愉快的阅读体验。译文 2 使用了不定冠词，虽然 sadness 是不可数名词，这属于约定俗成，因此不存在语法错误，不会给英语读者带来困扰。

原　文 他的法语很棒！

译文 1 He has good command of French.

译文 2 He has a good command of French.

与上例相同，译文 1 中没有使用不定冠词，属于语法错误，会给英语读者带来不愉快的阅读体验。译文 2 使用了不定冠词，不存在语法错误，不会给英语读者带来困扰。

原　文 他们的新轿车是辆宝马。

译文 1 Their new car is BMW.

译文 2 Their new car is a BMW.

与上例相同，译文 1 中没有使用不定冠词，属于语法错误。译文 2 使用了不定冠词，语法正确，英文读者不会产生不愉快的情绪。

原　文 她是在一个星期二去世的。

译文 1 She died on Tuesday.

译文 2 She died on a Tuesday.

译文 1 中没有使用不定冠词，其传达的意思是"她是星期二去世的"，与原文存在很大的差距，因此不是成功的译文。译文 2 使用了不定冠词，其所表达的意义与原文相符。可见，小小的不定冠词有时对意义的构成举足轻重。

原　文 有位格林太太要见你。

译文 1 Ms. Green wants to see you.

译文 2 There is a Ms. Green to see you.

译文 1 中没有使用不定冠词，其传达的意思是"格林太太要见你"，与原文存在很大的差距，因此不是成功的译文。译文 2 使用了不定冠词，其所表达的意义与原文相符。

原　文 我在那里遇到的人很友善。

译文 1 People I met there were very friendly.

译文 2 The people I met there were very friendly.

由于原文"我在那里遇到的人"指的是特定的人群，因此必须使用定冠词，即"the people"。译文 1 没有使用定冠词，隶属语法错误，会给英语读者带来困扰。译文 2 不存在语法错误，有助于给英语读者营造愉快的阅读体验。

原　文 明天是 10 月 3 日。

译文 1 Tomorrow will be October, third.

译文 2 Tomorrow will be October, the third.

序数词前必须使用定冠词，否则就是语法错误。因此，译文 1 隶属语法错误，译文 2 语法正确。有语法错误的句子一定会令读者产生犬牙交错的突兀感，不会产生美感。

原　文 我从收音机里听到了这件事。

译文 1 I heard it on the radio.

译文 2 I heard it on radio.

表示无线电节目或无线电传送的信息时，通常是要使用定冠词的，原文"从收音机里"，不是指的节目或信息，仅仅指收音机，因此不应该使用定冠词。译文 1 隶属语法错误，译文 2 是正确的。

原　文 白天我通常不在家。

译文1 I'm usually out during day.

译文2 I'm usually out during the day.

当表示白天时，需要使用定冠词。译文 1 隶属语法错误，译文 2 是正确的。

原　文 我想买那东西，但钱不够。

译文1 I wanted it but I didn't have money.

译文2 I wanted it but I didn't have the money.

专款专用时，money 前面需要使用定冠词。译文 1 隶属语法错误，译文 2 是正确的。

原　文 她是他眼下的红人。

译文1 She's flavour of month with him.

译文2 She's flavour of the month with him.

"眼下"应该表达为 "the month"，加定冠词，否则就是语法错误。

原　文 雪瑞尔·克劳？而不是大名鼎鼎的雪瑞尔·克劳？

译文1 Sheryl Crow? Not famous Sheryl Crow?

译文2 Sheryl Crow? Not the famous Sheryl Crow?

特指时必须使用定冠词，否则就是语法错误。"大名鼎鼎的雪瑞尔·克劳"由于是特指，所以其前必须加定冠词。

原　文 侍者走了过来，候在附近。约翰领会了我的眼神，我们两个都站了起来，没有理睬那个侍者，朝自助餐台走去。

译文1 Waiter came and hovered. John caught my look and we both got up and, ignoring waiter, made our way to the buffet.

译文 2 A waiter came and hovered. John caught my look and we both got up and, ignoring the waiter, made our way to the buffet.

前文中的人或物再次出现时必须使用定冠词。由于"那个侍者"就是最初"侍者走了过来"中的那个"侍者",所以其前必须加定冠词。译文 1 疏忽了这一点,会令英语读者产生混淆。译文 2 使用了定冠词,不会给英语读者造成误导。

（5）"对应翻译""释译"及"对应翻译 + 释译"。

汉语语篇中存在很多乡土语言。乡土语言就是一切具有地方特征、口口相传、通俗精炼,并流传于民间的语言表达形式（周领顺,2016）。乡土语言在一定程度上反映了当地的风土人情、风俗习惯和文化传统的言语。然而乡土语言的英译颇为棘手,如何在正确传达原文词汇意义的同时保持地方特色是译界的一大难题。葛浩文等优秀译者在这方面做了很多有益的尝试,其中"对应翻译"和"释译"是常见的方法。所谓"对应翻译"就是找到英语中与汉语乡土语言相对应的表达;"释译"就是解释性翻译。还有一种常见的翻译方法,即"对应翻译 + 释译"。下面让我们在范例中详细说明。

原　文 我是王八吃秤砣铁了心。

译　文 My mind is made up.（葛浩文译）

这一译文隶属"释译",优点是原文意义得到准确传达,缺点就是失去了汉语原文幽默、生动、诙谐的画面感。

原　文 他们竟敢在太岁头上动土?!

译　文 How dare they touch a single hair on the head of the mighty Jupiter.（葛浩文译）

这一译文隶属"对应翻译"。朱庇特（Jupiter）,是罗马神话中的众神之王，主神之首，负责统领天界与人间。他以雷电为武器，维持着天地间的秩序，公牛和鹰是他的标志，具备极大的威慑力。因此，将"在太岁头上动土"翻译为"touch a single hair on the head of the mighty Jupiter"是再合适不过的文化转换，不仅准确表达了原文的语义，还完整地保留了原文的画面感，为英语读者带来了与汉语读者相似的阅读审美体验，堪称译品中的佳作。

原文　是可忍，孰不可忍！

译文　If there's tolerated, nothing is safe.（葛浩文译）

这一译文隶属"释译"，翻译得相当成功，因为一是，准确表达了原文语义；二是完美保留了原文的形式美；三是，完美保留了原文的节奏美和韵律美。通常，"释译"往往需要以牺牲原文的形式美、节奏美及韵律美等相关美感为代价，而本译品几乎没有任何损耗，实属不易。

原文　丰乳肥臀

译文　Big Breasts and Wide Hips（葛浩文译）

这是一款成功的"对应翻译"。不仅做到了形式对应，例如"丰乳"对"Big Breasts"，"肥臀"对"Wide Hips"，而且做到了语义、风格对应，例如"乳"（乳房）和"臀"（臀部）被翻译成为正式风格的"breasts"和"hips"，而不是非正式风格的"bubby""ass"。此种选择值得借鉴，它使得原文读者与译文读者在审美体验上大致相同，是高级意义上的忠实于原文。

原文　俺的亲亲疼疼的肉儿疙瘩啊。

译文　My adorable little ones, the fruit of my loins.（葛浩文译）

这一译文结合了"对应翻译"和"释译"两种翻译策略，属于"对应翻译＋释译"的处理方法。将"亲亲疼疼的"译作"adorable little..."隶属"对应翻译"，将"肉儿疙瘩"译作"the fruit of my loins"隶属"释译"。然而，我们认为，此译品中的"释译"部分不太准确，因为汉语的"肉儿疙瘩"指"胖乎乎肉墩墩的小孩儿"，旨在让读者感受到胖小孩儿肌肤的柔软肉实的手感，并没有英语"the fruit of my loins"（我私部结出的果实）之意。英译文带给译文读者的感觉与原文带给原文读者的感觉似乎不同。

原 文 花生花生花花生，有男有女阴阳平。

译 文 Peanuts, peanuts, peanuts, boys and girls, the balance of yin and yang. （葛浩文译）

这一译文隶属"对应翻译"。我们感觉不太成功，主要因为没有再现原文的形式美和韵律美。另外，不知道译文读者能够理解"the balance of yin and yang"的内涵，毕竟"阴"和"阳"是两个纯中国式的抽象概念，即便是中国人自己有时也无法理解到位。

原 文 他姥姥的腿。

译 文 Legs of a whore. （葛浩文译）

这一译文是一款成功的"对应翻译"译品，因为保留了原文的形式与风格的同时，准确传达了原文的诅咒语义。

（6）留意词汇的褒贬意义。

对于部分词汇来说，无论汉语词汇，还是英语词汇，都具备一定的感情色彩，即或褒，或贬。鉴于此，在翻译实践中应予以充分重视，否则译文将无法正确传达原文所要表达的信息。例如：

原 文 其实，中年是人生盛华的开始，不应贪婪，不应享受。

译文 1 In actual fact, middle age represents the prime of one's life, allowing no indolence and enjoyment.

译文 2 In actual fact, middle age represents the prime of one's life, allowing no indolence and indulgence.

原文中的"享受"并非积极意义的享受，而是一种沉迷，如沉湎淫逸、沉湎酒色，因此如果译作"enjoyment"就不适合了。译文2将之译作"indulgence"能够表达出原文的负面意义，因此译文2能够准确传达原文信息，正确引导译文读者的阅读与认知。

原　文 她怂恿儿子去欺负人。

译文 1 She encourages his son to bully the other kids.

译文 2 She incited his son to bully the other kids.

"怂恿"就是鼓动和撺掇别人去做某事的意思，多用于贬义，因而译文1中的"encourage"不贴切；译文2中的"incite"更为适当，因为"incite"是鼓励别人做坏事的意思。译文1会使英语读者颇为诧异，译文2则能令英语读者顺畅理解。

原　文 儿子，来抱一个！

译文 1 My baby，give me an embrace.

译文 2 My baby，give me a hug.

译文1和译文2的区别就在于"embrace"与"hug"的不同，前者较为正式，感情色彩不浓厚，而后者则带有更多的喜爱之情。所以，对于英语读者来说，译文2更为有爱与温度，阅读审美体验与译文1会截然不同。

原　文 兔子十分骄傲，结果与乌龟长跑比赛兔子却输了。

译文 1 The rabbit was very proud. As a result，he was defeated in his match with the tortoise.

译文 2 The rabbit was very conceited and failed in his match with the tortoise.

根据语境，原文中的"骄傲"实质上是"自负"，因而译文2选择的词汇"conceited"更为贴切。译文1中的"proud"是褒义的骄傲，因而不能够传达出原文的信息。

原 文 他为儿子出色的，不，应该是独一无二的表演心怀感激和骄傲。

译文 1 He was grateful for and arrogant about his son's remarkable, nay, unique performance.

译文 2 He was grateful for and proud of his son's remarkable, nay, unique performance.

本例原文中的"骄傲"是褒义的"自豪"的意思，而译文 1 选择使用表示"傲慢的"词汇"arrogant"是不合适的。"arrogant"和"proud"带给英语读者的美感截然不同。

（7）留意感官词汇的选择。

由于操英语的民族与操汉语的汉民族有时对事物或者行为的隐喻性认识存在很大的区别，在语言表达中，对于有些感官相关词汇的选择必然不同，这一点在英汉互译实践中应该予以高度重视，否则无法为读者提供愉快的阅读审美体验。下面我们将在范例中具体说明。

原 文 手机反映出我们的"社交饥渴症"。

译文 1 Mobile phones reflect our hunger and thirst for social communication.

译文 2 Mobile phones reflect our hunger for social communication.

汉语"社交饥渴症"一词中既有"饥"，也有"渴"，而英语表达只有"饥"，因此译文 1 在英语读者读来颇为啰唆冗长，不会产生愉快的阅读审美体验，译文 2 才是英语读者习惯的表达。

原 文 此君饱尝了人间酸甜苦辣。

译文 1 This man tasted to the full the bitterness, hotness, sourness, and sweetness of life in the human world.

译文 2 This man tasted to the full the bitterness of life in the human world.

汉语的"人间的酸甜苦辣"涉及四种味道，英语只需要一个"苦"（bitterness）便足矣。多了，反而是床上施床，多此一举。

原 文 我终于看出了你的心事。
译文 1 Finally，I can see your mind.
译文 2 Finally，I can read your mind.

汉语"看出了你的心事"，与"心事"搭配的动词为"看"，而英语同义的地道表达则是"read"（读）。这种情况非常多，在英汉互译实践中如果不予以重视，便不能够为译文读者带来愉快的阅读审美体验。再请看下面的例子：

原 文 从他的话音里，我能听出东西来。
译文 1 I can hear something from the tone of his voice.
译文 2 I can tell something from the tone of his voice.

汉语原文"从他的话音里，我能听出东西来"，而英语表达中动词却是"tell"，即"I can tell something from the tone of his voice"。

原 文 许先生正在厦门大学读博士学位。
译文 1 Mr. Xu is reading his doctors' degree at Xiamen University.
译文 2 Mr. Xu is working for his doctors' degree at Xiamen University.

汉语原文是"读博士学位"，地道的同义英语表达中动词与"读"（read）无关，而应该是"work for"，或者"apply for"。如果如译文 1 草率翻译成"reading his doctors' degree"，一定会被英语读者贻笑大方的。

原 文 别听他们胡说八道，根本就没那回。
译文 1 Don't listen to their babbling. Nothing of the sort.

译文2 Don't be fooled by their babbling. Nothing of the sort.

原文为"别听他们胡说八道",其中动词为"听",而地道的同义英语表达为"Don't be fooled by their babbling",动词选用了"fool"（愚弄），而不能像译文 1 那样，直接译作"Don't listen to their babbling."，否则英语读者一定不知所云，更别提获得愉快的阅读审美体验了。

（8）避免名词堆砌。

有时候，如果将汉语句子中的各个词汇原原本本地翻译成英语，仅仅作一些英语语法方面的调整，那么英语译文就会出现名词冗余的现象，整个句子不仅啰唆，而且不知所云，先以下面的范例予以详细说明。

原 文 一些条件较好的地区，稻子一年可以收获两次。

译文1 In some areas with better conditions, it is possible to have rice twice a year.

译文2 In some favored areas, it is possible to have rice twice a year.

译文 1 使用"areas with better conditions"来表达汉语原文中的"条件较好的地区"，其实是洋泾浜式的英语，真正的地道表达应该像译文 2 那样，译为"favored areas"，使用动词的被动式作为定语。"areas with better conditions"中全是名词，中国翻译经常构建这种名词堆砌的译文，应引以为鉴啊。

原 文 我们必须加速经济改革的步伐。

译文1 We must accelerate the pace of economic reform.

译文2 We must accelerate economic reform.

原文"加速经济改革的步伐"在英语表达中就仅仅是"加速经济改革"（accelerate economic reform），这是汉语与英语表达的不同，英汉互译时应该重视这一差异性，以免形成诸如译文 1 般的冗余现象，影响译文读者的阅读体验。

原　文 今秋，农业获得极大的丰收。

译文1 This autumn，there was a great harvest in agriculture.

译文2 There was a great harvest in this autumn.

译文2较之译文1的区别在于略去了"in agriculture"，因为在英语表达中，harvest 用来表达农业丰收已经足够了，没有必要再加上一个表示领域的状语。在任何语言中，简洁就是美，冗余了，就不美了。

原　文 改革开放三十年后，城乡居民的生活水平显著提高。

译文1 Thirty years later after the implementation of the reform and opening-up policy，the living standard for the people in both urban and rural areas had improved enormously.

译文2 Thirty years later after the implementation of the reform and opening-up policy，the living standard of both urban and rural areas had improved enormously.

译文1较之译文2多了一部分——"for the people in both urban and rural areas"。事实上，在英语表达中，可以简单地表达为"the living standard of both urban and rural areas"即可。译文1的表达受到原文汉语表达的影响，显得过于繁琐。

原　文 未来中国经济的发展将在很大程度上依赖于它的高科技的进步。

译文1 The development of Chinese economy in the future will depend on its progress in high technology to a large extent.

译文2 The development of Chinese economy will depend on its high technology to a large extent.

译文2删除了译文1中的"progress"，简单直接，更为地道。译文1受到汉语表达习惯的影响，显得有些多余。英汉在表达习惯上确实存在相当大的区别。英语中动宾之间的关系更为直接，其间的细节需要读者发挥自己的思维、想象、推理和判断能力；汉语动宾之间的关系似乎更加细致入微，不需要读者作出过多的认知努力，这在一定程度上体现了英汉语言使用者不同的审美取向。再例如：

原　文 党和政府采取一系列措施，努力确保人民群众共享经济繁荣成果。

译文 1 The party and government has taken a series of measures to ensure that each Chinese people is able to share the fruits of economic prosperity together.

译文 2 The party and government has taken measures to ensure that each Chinese people is able to share the fruits of economic prosperity.

中国译者特别喜欢使用"a series of"这一英语表达。不管原文中是否存在"一系列"这一汉语表达，即使不存在也喜欢在译文中加上"a series of"为快。事实上，这种处理方式是极不适当的，因为地道的英文表达中除非确实需要，否则尽量不要使用"a series of"，译文 2 之所以优秀，就在于贯彻了这一原则。简单是最美的，拖泥带水绝对不会激发美感。

原　文 养老问题成为目前国人热议的议题。

译文 1 The life after retirement has become the subject widely discussed by the Chinese people.

译文 2 The life after retirement has been widely discussed by the Chinese people.

中文的表达细致入微，英语表达简单直接。译文 2 的成功就在于简单直接，译文 1 的失败就在于过于细致，以至啰唆。

原　文 融合发展是习近平主席推进和平统一发展进程的新思路。

> **译文 1** Integrated development is a new way of thinking for Chinese President Xi Jinping to promote the process of peaceful reunification.

> **译文 2** Integrated development is a new way of thinking for Chinese President Xi Jinping to promote peaceful reunification.

在汉语表达中，"推进"的宾语为"进程"，而在英语表达中，"推进"（promote）的宾语为"和平统一"。这是由英汉不同的表达习惯和审美倾向决定的。

> **原　文** 买二手车时应该仔细检查发动机。

> **译文 1** When buying a second-hand car，you should conduct a careful examination of its engine.

> **译文 2** When buying a second-hand car，you should carefully examine its engine.

译文 2 优于译文 1 的地方在于使用了动宾表达"examine its engine"，而非译文 1 的名词叠名词方式"conduct a careful examination of its engine"。动宾方式是地道的英语表达，是英语读者熟悉的表达方式；而名词堆砌的方式，是地道的汉语表达。

> **原　文** 政府正在努力提升民众的幸福感。

> **译文 1** The government is working hard to enhance its people's sense of happiness.

> **译文 2** The government is working hard to enhance its people's happiness.

汉语是"提升民众的幸福感"，用英语表达就是"提升民众的幸福"（enhance its people's happiness），多一个"sense of happiness"就是冗余或堆砌。

Joan Pinkham（1998）指出，中国译者在汉译英时经常创造的类似的冗余现象还包括：

to make an investigation of...

to make a careful study of...

to make a decision to...

to make a proposal that...

to make efforts to...

to make an analysis of...

to have a dislike of...

to have a trust in...

to have an influence on...

to have adequate knowledge of...

to have the need for...

to have respect for...

to give guidance to...

to provide assistance to...

to carry out the struggle against...

to conduct a reform of...

to engage in free discussion of...

to achieve success in...

to accomplish the modernization of...

to realize the transformation of...

to bring about an improvement in...

to place stress on...

to exercise control over...

to reach the goal of modernization

to perform the task of guarding warehouses

to adopt the policy of withdrawal

事实上，以上表达方式都是受到汉语表达的影响，都可以仅仅使用一个动宾方式来表达即可。

（9）避免形容词堆砌。

Joan Pinkham 在《中式英语之鉴》一书中指出，在汉译英过程中，汉语原文中的很多形容词和副词翻译成英语便成了多余的词汇。这种现象在汉译英中俯拾皆是，例如，advance forecasts，female business woman Liu Zhihua，new innovation，a serious natural disaster，mutual cooperation，an unfortunate tragedy，residential housing，financial revenue and expenditure，positive guidance，a family relative，等等。显然，这是由于汉英词汇审美选择的差异性造成的。为了提高汉译英质量，需要在实践过程中重视并克服这种冗余现象，请仔细观察如下例句：

原　文 毛泽东同志的关于调查研究的理论是我党宝贵的精神财富。

译文1 Comrade Mao Zedong's theory on investigation and research is the precious spiritual treasure of our party.

译文2 Comrade Mao Zedong's theory on investigation and research is the spiritual treasure of our party.

汉语偏正词汇表达有时语义重复，如宝贵的财富，其作用是强调而已，汉语读者并不感觉有什么不妥当。然而，在汉译英翻译实践中，如果不加思考，直接将这些词汇转换成英语，如 precious treasure，英语读者就会感觉非常奇怪，因为英语中不存在如此的强调方式，这也体现了英汉词汇审美选择的差异性。再例如：

原　文 在制定政策决定时，中国政府会将所有不测事件考虑在内。

译文1 When making policy decisions, the Chinese government will take all possible eventualities into account.

译文 2 when making policy decisions, the Chinese government will take all eventualities into account.

译文 1 中 "possible eventualities" 的 "possible" 一词也是一个多余的形容词，因为 "eventuality" 的语义就是 "possible event"（可能发生的事件）的意思。再例如：

原 文 过去中国被称作 "世界工厂"。

译文 1 Previously, China used to be called the factory of the world.

译文 2 China used to be called the factory of the world.

"used to be" 就是 "过去常常做……" 的意思，因此译文 1 中的 "previously" 一词纯属多余。

原 文 项目最终结束了，陈先生的一颗心终于落地了。

译文 1 With the final completion of the project, Mr. Chen set his mind at rest.

译文 2 With the completion of the project, Mr. Chen set his mind at rest.

"completion" 就包含有 "最终完成" 的意思，因此译文 1 中的 "final" 就是典型地受到汉语 "最终结束" 的影响而形成的堆砌和冗余。

（10）重视代词的使用。

Joan Pinkham 在工作中发现，中国翻译在汉译英实践中很少使用代词。这并不难理解，因为毕竟代词在汉语中很少使用。然而，代词在英语中却是 "根深蒂固"，因此在汉译英过程中勿忘使用代词来避免冗余和累赘。请仔细观察如下例句：

原 文 学生应该遵守学校的规章制度，因为这些规章制度是确保有效理的工具。

译文 1 Students shall follow the rules of the school, as these rules are the tools for effective management.

译文2 Students shall follow the rules of the school，as they are the tools for effective management.

译文1中，在一个句子里出现两处"rules"。这种词汇重复现象在汉语中没有什么不美的，但是在英语表达中属于啰嗦，不仅不会激发读者的美感，反而有可能激起厌恶的情绪。译文2使用"they"代替了"rules"，避免了重复，令译文简洁明了。

原　文 当前的改革与过去的改革不同。

译文1 The reform at present is different from the reform in the past.

译文2 The reform at present is different from that in the past.

译文2巧妙使用"that"代替第二个"reform"，避免了繁琐的重复，令译文一目了然，给读者以神清气爽之感。

（11）勿忘缩略式。

当某个党派、国家或机构的名称反复出现时，可以在英语译文中使用这个名词的缩略式来减少冗余，提升英译文的简洁性，减少读者在阅读理解中所消耗的认知能量与时间，避免理解模糊，提高阅读舒适度与效率。缩略式在汉语的正式文体中使用较少，然而它在英语中极为普遍，且有愈演愈烈之倾向。与汉语不同，缩略式的使用不会降低英语译文的正式风格。例如中国共产党（The Communist Party of China）在英语中可以简化为 The CPC，或者 The Party；朝鲜人民共和国（The Democratic People's Republic of Korea）在英语中可以缩略为 The DPRK；越南共产党（The Vietnamese Communist Party）可以缩略为 The VCP；大韩民国（The Republic of Korea ）缩略为 The RK，等等。缩略式为读者营造的是简单、现代和高效的美感。

原　文 中国共产党将不忘初心，领导人民继往开来，勇往直前。

译文 1 The Communist Party of China will continue to bear its initial aspiration in mind and lead its people forward towards the future.

译文 2 The CPC will continue to bear its initial aspiration in mind and lead its people forward towards the future.

译文 2 中使用缩略式"The CPC"来代替众人皆知的"The Communist Party of China"，令译文简单明快、一目了然。

原 文 苏联解体后，我国传媒上开始出现"前苏联"一词。

译文 1 After the disintegration of the Soviet Union, the word "former Soviet Union" began to appear in Chinese media.

译文 2 After the disintegration of the USSR, the word "the former USSR" began to appear in Chinese media.

译文 2 以"the USSR"之"毫厘"来替代"the Soviet Union"之"千里"，使译文简短精干、言简意赅，且顺应了当下"言语趋简"的潮流，更显得译文摩登、高效。译文 2 为读者呈现的是一种简洁、现代而高效的复合式美感。

总而言之，在英汉互译实践中，我们要善于通过介词活用、动词巧译、描述添加、正确使用冠词、合理使用"对应翻译""释译"及"对应翻译＋释译"、留意词汇的褒贬意义、留意感官词汇的选择、避免名词和形容词的堆砌、重视代词和缩略式的使用等策略，为译文读者营造愉快的阅读审美体验，提高译文质量，并最终促进译文在目的语国家的广泛传播。

第六章

美学语言学与接受美学视域下英汉语篇语法层面比译分析

第一节　语法与语法的审美选择

截至目前，有关语法的定义霖霖种种尽百条之多，现仅将广为接受的四条定义列举如下：

（1）语法是驾驭句法层面信息排列方式的重要因素。（钱冠连）

（2）语法所要研究的问题应该涵盖语言要素的全部内容，包括语音、词汇、词源、句法等内容。（古希腊人）

（3）语法是词的变化规则和用词造句规则的综合。（斯大林）

（4）语法就是语言中的音义结合物各成分之间起着组织作用的结构关系或结构方式。（高名凯）

目前，我国语法界普遍采纳的是斯大林给出的定义，即语法由两部分构成——词法和句法。斯大林针对语法给出过一个著名的比喻，他说"词汇本身还不成为言语，它只是构成言语的建筑材料。"正好像在建筑业中的建筑材料并不就是房屋，虽然没有建筑材料是不可能建造房屋的。同样，词汇也不就是言语，虽然没有词汇任何言语都是不可想象的。但是当词汇接受了语法的支配的时候，就会有极大的意义。语法规定词的变化及句的形成，这样就使语言具有一种有条理可理解的性质，由此可见，语法是驾驭词汇和句法层面信息排列方式的重要因素。

那么，何为词法和句法？词法，顾名思义，就是构词的方式。英语的构词法主要有四种，即派生法、缩略法、转化法和合成法。例如：

satisfy → dissatisfy 　　　　　【派生法】

American born Chinese → ABC 　　【缩略法】

present（v.）→ present（n.）　　【转化法】

Camera + shy → camera-shy 　　【合成法】

在英语的这四种主要构词法当中，派生法是汉语无法企及的，然而缩略法、转化法和合成法在汉语中极为普遍。例如：

北京大学→北大 　　　　　　　【缩略法】

玩（n.）→玩（v.）　　　　　　【转化法】

银行 + 家→银行家 　　　　　　【合成法】

值得一提的是，转化法在英语中不多见，但是在汉语中却俯拾皆是。汉语语法也将之称作词类活用。可以说，汉语的各种词类之间可以灵活变换，随心所欲，绝妙无比。例如二十世纪九十年代初著名歌手苏芮曾经演唱过一首红遍大江南北的歌曲——《牵手》，这首歌就是酣畅淋漓地借助转化法创作的：

因为爱着你的爱

因为梦着你的梦

所以悲伤着你的悲伤

幸福着你的幸福

因为路过你的路

因为苦过你的苦

所以快乐着你的快乐

追逐着你的追逐

……

然而，一谈到派生词，汉语就束手无策了。派生法就是借前缀或后缀之助，制造出派生词，主要涉及名词、形容词和动词三种。相对于汉语构词法来说，派生法是英语构词的绝对优势，方块字的汉语根本无法实现派生，而英语则可以游刃有余。

有关句法的定义离不开句子的定义。句子的定义虽然形形色色，但是无外乎以下几种：

（1）句子是逻辑判断的语言表达。（传统语法家）

（2）句子是心理的判断。（弗尔杜拿托夫）

（3）句子是言语的最小的完整的单位。（高名凯）

我们认为，句子在内容上体现了逻辑或心理判断，然而句子的组织方式有时根本无法用逻辑和心理来解释，因此我们愿意接受高名凯给出的定义，即句子是最小的完整的言语单位，那么，句法就是这个最小的完整的言语单位内部的构成方式。

大致明确了何为语法后，还需要解决一个概念性问题，那就是何为语法的审美选择。为了弄清这个概念，我们先来看看何为美的语法。形式简单，却能够承载丰富内涵的语法就是美的语法。美的语法通常都能够以极简驭极繁。

在悠悠的历史长河中，时而惊涛骇浪，时而暗流涌动，历史的脚步渐行渐远，大浪淘沙后，沉淀下来的都是精华，熠熠闪光。语法也不例外。那些冗余累赘的语法规则逐渐被简练而表达丰富的法则所替代，语法之美经过历史的淬炼逐渐显现。不同语言的说话者在创建言语的过程中，总是按照自己的审美心理和本民族语言的特点，从美的语法的构建规律（即以极简驭极繁）出发来选择自己的构词与造句方式，这就是语法的审美选择。与前文所介绍的语音的审美选择和词汇的审美选择一样，语法的审美选择也具备明显的时代性和民族性。

第二节　英汉语篇语法层面对比实例分析

根据接受美学的观点，读者都是带着自己的期待视野来审视文本的。鉴于民族性的巨大差异，汉语读者与英语读者的期待视野必然不同，因此他们对译文的阅读方式、理解方式和接受方式也会不同。只有符合他们期待视野的译文，或者能够智慧地"否定"他们期待视野，从而有效扩展他们原有的认知，使他们获得满足的成就感的译文，才能够被读者所接纳，真正走入读者的内心。鉴于此，在接受美学的指导下，英汉语法审美选择对比研究的目的不再是为了言语的对比而对比，也不是为了英汉互译而对比，而是为了深入而细致地了解英汉读者的期待视野，继而帮助译文更好地走入读者的精神世界而对比。

因此，接受美学视域下的英汉语法审美选择对比就是以接受美学为指导，以英语与汉语读者为中心，充分关照英汉读者的期待视野，从语法的层面出发，深入探索英汉两种语言在语法审美选择上的差异性。研究中，我们发现英汉语言在语法层面具备如下显著的差异性。

（1）英语语法注重规则和形式，而汉语语法偏重心理，略于形式。

黎锦熙早就一针见血地指出"国语底组词造句，偏重心理，略于形式"。形式手段的省略，就要以心领神会去补偿。意会实质上是对形式空白的补偿性心理反应。而心领神会正是一种潜在的审美心理，它调动幻想、直觉、形象、灵感，美感由此形成。

而英语语法注重规则，规则是英语语法的精髓。英语在数、时间、格等方面都有一套严苛的法则，不得含糊，不得逾越，否则直接影响沟通的效果，甚至内容。这与含糊的需要意会的汉语形成了鲜明的对比。例如，以"白头宫女在，闲坐说玄宗"一句的英译为例：

原　文 白头宫女在，闲坐说玄宗。

译文 1 A white-haired dame, an Emperor's flame, Sits down and tells of bygone hours.

译文 2 Only some withered dames with whitened hair remains, who sit there idly talking of mystic monarchs dead.

由于原文中无法确定所谓的"白头宫女"到底是一位宫女，还是数位宫女，因此在英译时造成了很大的困扰，因为英语对名词的单复数要求严格而明确，而汉语则无此方面的要求，汉语读者完全可以凭借自己的想象和推测，即自己的期待视野来填补这一"空白"。即使不同的汉语读者头脑中人物数量可能不同，然而完全不会影响其理解，也不会影响诗人所要营造的艺术效果。所以，上述译文 1 和 2 都可以接受。

再请看如下《断章》的英译，也存在类似的困惑：

原　文 你站在桥上看风景，

看风景人在楼上看你。

明月装饰了你的窗子，

你装饰了别人的梦。

　　　　　　　　　　　　——《断章》，卞之琳，1935 年 10 月

译文 1 While you watched the scenery from the bridge,

A sightseer was watching you from a balcony.

While the bright moon adorning your window,

You had been decorating his dream.

译文 2 When you watch the scenery from the bridge,

The sightseer watches you from the balcony.

The bright moon adorns your window,

While you adorn another's dream.

抛去冠词的择用不谈，我们能看出译文 1 和译文 2 的区别主要在于时态的选择。译文 1 选择使用了过去时，而译文 2 则使用了一般现在时，哪个正确呢？回到原文我们无法找到答案。那么，还是让我们回到读者吧，英语读者是最有发言权的。在将上述两篇译文交付 10 位分别来自英国、美国和加拿大的留学生阅读后，9 位留学生都选择了译文 1，他们给出的理由是译文 1 更具备故事感，似乎是诗人在讲述一个发生过的故事，具备反省性的理性美，更能突出诗歌的主题，即万事万物都是互相效力、互相联系的。而译文 2 由于采用了一般现在时，似乎仅仅是陈述一个事实，一个正发生在眼前的故事，失去了反省的光彩。

上述两个汉诗英译的例子除了告诉我们汉语在语法上的模糊性和英语在语法上的明确性以外，还提醒译者翻译实践的依据在于译文读者。无论何时何地发生模糊不明的现象时，回到读者是译者不二的选择。我们再来审视一个英译汉的例子：

原　文 It is five years since he was a bus driver.

译文 1 他做司机已经五年了。

译文 2 他不做司机已经五年了。

译文 1 和 2 哪个理解正确呢？大家可以看到，时间状语从句中的时态是过去时，说明他过去曾经是司机，而现在不是了，因此译文 2 的理解是正确的。如果要表达"他做司机已经五年了"这一语义，英语的表达通常是"He has been a driver for five years."，通过现在完成时来表达。由此可见，在英语语法中，时间的概念非常重要，直接参与到语义内容的表达中，绝对不可小觑。

既然英语注重形式，那么任何英语句子在形式上的变化都会参与到其语义的构建中去，这一点是毋庸置疑的。例如：

原　文 He knows that she is being kind and her younger sister is kind.

译文 1 他知道她心地善良，她妹妹也是。

译文 2 他知道她仅仅是摆出心善的姿态，她妹妹才是真的善良。

　　译文 1 忽略了原文句子在形式上的细微变化，而译文 2 敏感地捕捉到了"…being kind"与"…is kind"之间的不同，从而在语义上作出了相应的调整，正确地传达了原文作者所要表达的信息。

　　（2）英语的构词在词头和词尾上下功夫，而汉语则以不变应万变。

　　派生法（derivative）是英语构词的主要构词方式，是英语在构词方面的一大优势；而转化法（conversion）则是汉语构词的优势。两者体现出了截然不同的特质。这种差异性充分体现了汉英民族在审美心理上的不同。前者万变不离其宗，而后者则如来去自由，变化随意。这也许是为何西方有变形金刚，而东方有孙悟空的原因吧。

　　让我们欣赏一下派生法在英语中出神入化的表现：auto-intoxication（自我陶醉），de-emphasize（淡化），Tommy（Tom 风格的），pro-China（支持中国的），co-existence（共存），imaginable（可以想象得出的），imaginative（想象中的），inter-connect（相互联系），mis-date（写错日期），macro-climate（大气候），in-artificial（天然的，非人造的），multi-form（多种形式的），over-fulfil（超额完成），sub-committee（小组委员会），over-react（反应过度），over-see（鸟瞰），over-eat（吃得过多）。再看看转化法在汉语中的应用。

玩是好事情嘛，干嘛不高兴？	【"玩"作名词】
她一天到晚玩手机。	【"玩"作动词】
你吃饭了吗？	【"吃"作动词】
中国人很讲究吃。	【"吃"作名词】
因为苦过你的苦	【第一个"苦"作动词；第二个"苦"作名词】
所以快乐着你的快乐	【第一个"快乐"作动词；第二个作名词】

（3）汉语句式讲求前呼后应，而英语句式是以 SV 为主轴的向外延展

"中国人的审美习惯是前呼后应，假如有前呼无后应，就感觉心理有失落感。所以，当中国人造英语的让步状语从句时，Although 和 but 同时使用。这就是中国人将自己的对称美的审美习惯迁移到英语中去的结果。"（钱冠连，2006）

汉语句子的前呼后应，有显性和隐性之分。隐性对称关系是通过意会而获得的。汉语中隐性对称句子偏多。例如:（倘若）幻想的幸福使灵魂飘然轻举，（那么）跌下现实的深谷将倍加痛苦。（钱冠连，2006）。请审视如下汉语句子:

①（倘若）失去了勇气，（那么）你的生命等于交给了敌人。

②（尽管）费了好大力气，也没成功。

③（虽然）我一见便知道是闰土，但又不是我这记忆上的闰土了。

④只有不断学习的人，才能永葆活力。

⑤自然界的雨晴既属寻常，毫无差别；社会人生中的跌宕风云，荣辱得失又何足挂齿？

⑥那些美好的事，只能留在回忆之中了。而在当时看来那些事都只是平常罢了，却并不懂得珍惜。

汉语重意会，轻形式，能够通过简单的形式来表达多层次的复杂内容，承载最大限度的信息量，因此汉语的表现力格外强大。这是汉语句法的美学特点。

英语句子是以 SV 为架构的主轴，通过严苛的语法规则，向外延展，搭建枝蔓，丝丝相扣，呈现藤蔓延伸状。例如:

① Pearson has pieced together the work of hundreds of researchers around the world to produce a unique millennium technology calendar that gives the latest dates when we can expect hundreds of findings and discoveries to take place.

② Theories centering on the individual suggest that children engage in criminal behavior because they were not sufficiently penalized for previous misdeeds or that they have learned criminal behavior through interaction with others.

③ Built out of a wooden tool shed, the small writing room in which Virginia Woolf penned many of her most famous novels stood in a garden of a house she bought with her husband Leonard in 1919.

第三节　语法层面翻译策略的构建

英语重形式而汉语重心理；英语的构词在词头和词尾上下功夫；而汉语则以不变应万变；汉语句式讲求前呼后应，而英语句式是以 SV 为主轴的向外延展，因此若要构建出能够让译文读者欣然接受的译文，一定要在这方面多下功夫。下面我们将在范例中详细予以说明。

原　文　车来了！小刘在哪儿？他在那儿。

译文1　Here the bus comes! Where is Xiao Liu? There is he.

译文2　Here comes the bus! Where is Xiao Liu? There he is.

原文汉语非常简单，然而若要翻译成英语，就要充分重视英语句式的规则。译文 1 的译者由于英语句式知识有限，因此在词语排列顺序上犯了错误，这种译文不能够为英语读者带来愉快的阅读体验。译文 2 纠正了译文 1 中的错误，首先 "Here" 打头的句子，其主语是名词，则需要倒装；其次，原文中 "There" 打头的句子，其主语是代词，不需要倒装。需要指出的是，在 "There" 打头的句子中，如果主语是名词或名词词组，则需要倒装。译者应该在日常英语学习中，高度关注这些语法知识，这样才能确保在汉译英翻译实践中得心应手，创造出英语读者喜闻乐见的句子。

原　文 一座美丽的宫殿坐落在山脚下。

译文1 There a beautiful palace stands at the foot of the hill.

译文2 There stands a beautiful palace at the foot of the hill.

此句中，主语是名词"palace"，句首为"There"，句子需要倒装，因此译文2才是正确的语序。我们再次总结一下，以"Here"和"There"打头的句子，如果主语是名词或名词词组，需要使用倒装语序；如果主语是代词，则使用正常语序。

原　文 他手里拿着一根棍子飞奔而出。

译文1 Out rushed he with a stick in his hand.

译文2 Out he rushed with a stick in his hand.

与以"Here"和"There"打头的句子一样，以"Out"和"Down"等介词开头的句子，如果主语是代词，则不需要使用倒装句式，因此译文2是正确的。

原　文 现在该小王背诵课文了。

译文1 Now Xiao Wang's turn comes to recite the text.

译文2 Now comes Xiao Wang's turn to recite the text.

与以上范例相同，因为主语是名词词组，因此应该使用倒装语序，所以译文2是正确的语序，能够给英语读者带来愉快的阅读体验。

原　文 看到那么多人过来，贼赶紧跑开了。

译文1 Seeing so many people coming, away the thief quickly ran.

译文2 Seeing so many people coming, away ran the thief quickly.

与以上范例相同，因为主语是名词词组，因此应该使用倒装语序，所以译文 2 是正确的语序。

原　文 山脚下坐落着一座美丽的村庄。

译文 1 At the foot of the mountain, a beautiful village lies.

译文 2 At the foot of the mountain, lies a beautiful village.

　　与以上范例相同，因为主语是名词词组，因此应该使用倒装语序，所以译文 2 是正确的语序。

原　文 只有每天练习数小时，你才能够掌握这门语言。

译文 1 Only by practicing a few hours everyday, you can be able to grasp the language.

译文 2 Only by practicing a few hours everyday, can you be able to grasp the language.

　　与以上范例不同，只要是"only"开头的句子，不管主语是名词还是代词，都需要使用倒装语序。

原　文 我从来都没有听说过这样的事情。

译文 1 Never in my life, I have heard such a thing.

译文 2 Never in my life, have I heard such a thing.

　　只要是"never"开头的句子，不管主语是名词还是代词，都需要使用倒装语序，因此译文 2 符合英语语法。

原　文 —如今，人们都喜欢玩手机。

　　　　—确实如此。你也是这样。

译文 1 — Nowadays, most people like playing with their smart-phones.

　　　　—Yes, so they do and so you do.

译文 2 — Nowadays，most people like playing with their smart-phones.

— Yes，so they do and so do you.

so + 人称代词 + 助动词 do/be 动词 / 情态动词，表示赞同对方观点，译作"确实是这样的"；so + 助动词 do/be 动词 / 情态动词 + 人称代词，表示某人和上面所叙述的情况一致，译作"×× 也是这样"。鉴于原文所要表达的语义，我们认为译文 2 是正确的符合英语语法规则的译文。

原 文 — 我喜欢漂亮衣服，我不喜欢食物。

— 我也是的。

译文 1 — I like beautiful clothes. I don't like foods.

— So do I.

译文 2 — I like beautiful clothes. I don't like foods.

— So it is with me.

在这一范例中，由于说话人前一句是肯定，后一句是否定，如果表达"我也是这样"，无论使用"So do I"或"Neither do I"，在语义上都不合适，因此译文 2 使用"So it is with me."才是符合语法规则的。

原 文 我不知道李华去不去看电影。如果他去，我也去吧。

译文 1 I wonder if Li Hua will go to see the film. If he will go，so do I.

译文 2 I wonder if Li Hua will go to see the film. If he goes，so will I.

译文 2 是符合英语语法规则的译文。译文 1 的错误在于：（1）在英语中，条件从句中通常使用一般现在时表示将来，因此"If he will go"的表达方式是不正确的，应该修正为"if he goes"；（2）由于前句中使用了将来时，所以"so do I"应该修正为"so will I"。

原 文 — 你知道李华的女朋友是谁吗？

——我不知道，我也不介意。

译文1 — Do you know who is LiHua's girlfriend?

——I don't know and I don't care neither.

译文2 — Do you know who LiHua's girlfriend is?

——I don't know and nor do I care about it.

译文 2 是符合英语语法规则的译文。译文 1 的错误在于：（1）"Do you know" 后面引导的宾语从句中应该使用陈述语序；（2）"I don't care neither" 虽然翻译成汉语是 "我也不介意"，但是其语法形式是对前面否定句的否定式附和，这与本句情况不符，因为本文中并不存在任何否定式的上句，正确的表达方式应该是 "nor do I care about it."。这一翻译有力证明了语法规则在英语中的重要性，说英语是基于规则的语言一点都不过分。

原　文　中国典型的艺术形式是相声，两名演员用言语来逗乐群众。

译文1 Typical for China the crosstalk show is, in which two comedians entertain the audiences with words.

译文2 Typical for China is the crosstalk show, in which two comedians entertain the audience with words.

译文 2 是符合英语语法规则的译文。译文 1 的错误在于：（1）表语提到句首时，句子要倒装；（2）表示特定的观众（即正在听相声的观众）时，定冠词后的 "audience" 一词不应该使用复数。

原　文　虽然疲倦，昨晚他还是熬夜到很晚。

译文1 Tired as was he, he still stayed up late last night.

译文2 Tired as he was, he still stayed up late last night.

译文 2 是符合英语语法规则的译文。译文 1 的错误在于使用了倒装语序。

事实上，这种表语提前，但是带"as"的句式不使用倒装，使用陈述语序。再例如：

原　文 虽然是个孩子，他懂得事情可不少。

译文 1 Child as is he, he knows a lot of things.

译文 2 Child as he is, he knows a lot of things.

　　译文 2 是符合英语语法规则的译文。译文 1 的错误在于使用了倒装语序。理由同上。

原　文 在那个被我称作故乡的小山村的村口有一棵古老的老槐树。我依旧清楚记得，在 2018 年元旦那天的下午，当我抵达那棵老槐树的时候，树底下瑟缩地坐着一位穿深蓝色衣服的老头儿。起初，我根本没有认出他来，部分因为我近视得太厉害了。直到我走近，我才认出那是我年迈的老父亲。我的兄弟们有十年都没回过家了。我也没有回过。我们都是工作太忙了。有时候，我自言自语地说："有空了，我就常回家看看父亲。"当然，我知道这只是一个借口。直到母亲去世，我才下定决心，回家跟父亲住了一段时间。

译文 1 There was an ancient Chinese scholar tree at the entrance to the village, which I called hometown. I remembered quite clearly when I eventually arrived at the tree in the afternoon of the New Years's Day in 2018, I saw that right in front of the tree sat an old man in dark blue in a curled up way. I didn't know who he was at first, partly because I was very near-sighted. Only when I came near could I recognize that he was actually my aged father. My brothers haven't returned home during the past ten years, neither have I. We are all too busy with our work. Sometimes, I said to myself: " Were I free, I would often visit my mother." Of course I know this is only an excuse. Not until my mother died did I make up my mind to return home and stay with my father for some time.

译文 2 There is an old Chinese scholar tree at the entrance to the village，which I call hometown. I still remember quite clearly when I arrived at the tree，I saw that right in front of the tree sat an old man in dark blue in a curled up way. I didn't realize who he was at first，partly because I was very near-sighted. Only when I came near could I recognize that he was actually my aged father. My brothers haven't returned home during the past ten years，neither have I. We are all too busy with our work. Sometimes，I say to myself："Were I free，I would often visit my mother." Of course I know this is only an excuse. Not until my mother died did I make up my mind to return home and stay with my father for some time.

译文 2 是符合英语语法规则的译文。译文 1 的错误在于：（1）根据原文，译文应该选择以一般现在时作为基础时态，因此 "There was an old Chinese scholar tree..." "which I called hometown..." 这些句子中的过去时不太妥当；（2）"I didn't know who he was at first，partly because I was very near-sighted." 一句中 "know" 选词不当，应该改为 "realize"，表示 "没有意识到" "没有醒悟到"。

原　文 你来晚了。如果你早来几分钟，就能够遇到他了。
译文 1 You are late. If you come a few minutes earlier，you will meet him.
译文 2 You are late. If you had come a few minutes earlier，you would have met him.

根据原文语义判断，英语译文应该采用虚拟语气。所以，译文 2 是正确的符合语法的句子，而译文 1 则会令英语读者变成丈二和尚，摸不着头脑，根本别提审美体验了。既然英语是基于规则的语言，就要严格遵守其规则，否则译出的句子就只会令英语读者抓狂了。

原　文 Had I known her name, I would have invited her to the diner.

译文1 要是我知道她的名字，我就邀请她去参加宴会了。

译文2 当时我要是知道她的名字，我就邀请她去参加宴会了。

原文是一个对过去事情进行虚拟的英语句子。译文 1 的翻译也没有什么错误，译文 2 添加了一个"当时"，立刻将原文的时间意义表达得更为清晰和一目了然了。

原　文 如果昨晚你不去看电影，现在就不会这么困了。

译文1 If you hadn't gone to see the movie last night, you wouldn't have been so sleepy.

译文2 If you hadn't gone to see the movie last night, you wouldn't be so sleepy.

根据原文语义，可以判断出英语译文应该是一个错综条件虚拟句，即条件句中是对过去事情的虚拟，而主句应该是一个对现在发生事情的虚拟。由此判断，译文 1 在语法上是不正确的，译文 2 是正确的。

原　文 我好希望昨天能够跟你去听杰克逊教授的课啊！

译文1 How I wish I went to take part in the lecture delivered by Professor Jackson.

译文2 How I wish I had taken part in the lecture delivered by Professor Jackson.

根据原文语义判断，英语译文应该使用一个对过去进行虚拟的语法形式来表达。译文 1 没有使用虚拟语气，英语读者会感觉十分困惑，到底去听课了，还是没有去呢？英语读者将会无法判断。译文 2 使用了虚拟语气，英语读者立刻就知道昨天说话人没有去听课。

原　文 两个陌生人就好像认识了多年的朋友一样热烈交谈着。

译文1 The two strangers talked warmly as if they were friends for years.

译文 2 The two strangers talked warmly as if they had been friends for years.

根据原文语义判断，英语译文应该使用虚拟语气。既然主句使用了一般过去时来表达，那么根据英语的语法规则，"as if"引导的条件句中就应该使用过去虚拟形式予以附和。译文 1 使用的是对当下进行虚拟的形式，因此不正确，容易在英语读者头脑中形成混乱。译文 2 采用了过去虚拟形式，使得语义清晰明了。

原　文 我记不清你到底是什么时候开始练习跳舞的。

译文 1 I can't remember when you started practising dancing.

译文 2 I can't remember when it was that you started practising dancing.

从语法上来说，译文 1 和译文 2 都是正确的。但是，根据原文语义，我们能够明显看出强调的意味，因此使用了强调句型的译文 2 更佳，更能够帮助英语读者顺畅获悉原文所要传达的信息。

原　文 正是年轻时所接受的那场绘画培训让他日后成为一名出色的画家。

译文 1 It was the painting training what he had as a young man which made him such an excellent engineer later on.

译文 2 It was the painting training which he had as a young man that made him such an excellent engineer later on.

根据原文语义，不难看出，译文应该使用强调句型，因此译文 2 是正确的。译文 1 的错误在于：（1）"the painting training what he had as a young man"中后半部分是一个定语从句，中心词"the painting training"做的是从句的宾语，因此应该使用"which"来替代。（2）"It was... which made him such an excellent engineer later on"是一个强调句型，因此其间的"which"应该使用"that"。英语是基于规则的语言，因此在语法规则方面要做到一丝不苟。只有这样才能确保英语读者的顺畅阅读。

原 文 正是他为祖国赢得了荣誉。

译文1 It is him who has won honor for our motherland.

译文2 It is he who had won honor for our motherland.

根据原文语义，我们判断出译文应该使用强调句型，且强调的是"他"这个主语，所以译文 1 是错误的，不应该使用"him"这个宾格的形式。译文 2 是正确的，因为使用了"he"这一主格形式。

原 文 是 1969 年美国宇航员成功登陆月球的吗？

译文1 Was it in 1969 when the American astronaut succeeded on landing on the moon?

译文2 Was it in 1969 that the American astronaut succeeded in landing on the moon?

根据原文语义，我们判断出译文应该使用强调句型，且强调的部分是时间状语"in 1969"。由于英语的强调句型"It is ... that/who/whom"中不能使用"when"，所以译文 1 是错误的。此外动词"succeed"应该与介词"in"固定搭配，所以译文 1 的错误还在于介词使用不当。译文 2 是完美的译文，不仅句式选择正确，而且搭配符合英语语法规则。自然，译文 2 可以为英语读者带来愉快的阅读体验。

一言以蔽之，从语法的审美选择来看，英语重规则，汉语重心理，因此在对汉语句子的理解和构建需要充分调动心理、心智等因素来把握其语义和表达动机；对英语句子的理解和构建需要高度重视规则，觉不能掉以轻心。

第七章

美学语言学与接受美学视域下英汉语篇谋篇布局比译分析

第一节　语篇的谋篇布局与语篇谋篇
布局的审美选择

语篇的谋篇布局是指语篇的结构。"谋"即"筹划""策划"之意，"布局"即"合理编排"，合起来就是对语篇内容进行的一个合理的安排。语篇的谋篇布局是超出句子格局之外的大格局。钱冠连曾指出，语篇内部的演绎与归纳应无懈可击，否则就无美可言了。

语篇是一个具备统一的中心思想、特定的交际目标、语义连贯的言语作品。它可以短到一个词，也可以长到一篇宏伟论著。然而，任何语篇，无论长短，都具备自己的结构，而且所有语篇的结构，都是作者的精心安排。整个语篇分为几个段落来表达，各个段落之间具备何种逻辑关系，如何开头，如何展开，如何结尾，前后段落如何相互照应，都有着语篇作者的匠心智造，反映着作者独特的审美趣旨，体现着作者的民族审美观念，这就是语篇谋篇布局的审美选择。别具一格的谋篇布局方式，能够为语篇读者带来无与伦比的审美体验。

语篇内部的承接、转合需讲求逻辑的美，而这一切都与民族的审美观念密不可分。鉴于中国人特有的艺术境界和空间意识，以及天人合一的哲学观念，使得汉语语篇重视整体与抽象，因而讲求"浑然一体之美"与"暗示象征之美"。汉语语篇注重心理空间与时间空间的移动，不滞于形，形散意合，以动词为中心，以时间逻辑为顺序来组织和编排信息，故而营造出"气韵流动之美"。

汉语语篇多为螺旋形结构，其语篇推进具备一定的反复性。无论何种体裁，何种内容，多数以"起承转合"（opening，complication，claim/climax，and conclusion）四部曲为基本框架，即古人所称的"凤头、猪肚、豹尾"。起始部分，主要解释重要性或意义，目的是建立起听话人能共享的情感框架，要点部分往往安排在最后，时而甚至含而不露，不经仔细揣摩思考，不知其所云，需要付出非常多的认知努力，因此，汉语语篇努力营造的美是"往复之美""顿悟之美""天道之美""禅静之美"。

西方人重形式分析和逻辑推理，强调演绎式的思维传统，语篇中常使用显性衔接标志，使得整体语篇具有高度的形式化和逻辑化。英语语篇呈现直线形的逻辑特征。所谓直线形，就是先表达出中心意思，由此展开，层层推演或逐项分列，后面的意思由前面的语句自然引出。英语语篇常常是开门见山、起笔突兀，然而结笔洒脱，呈现的是"逆潮之美"（The beauty of anti-climax）。内容组织方式，多为 cause-and-effect 或 problem-and-solution，语篇内部逻辑明晰。

英语语篇信息的安排常常为"由近至远"，营造的是"遐想之美"和"不归之美"，而汉语语篇地理信息的铺陈常为"由远至近"，即万物皆备于我，讲的是人类认识的无限可能性，呈现出"唯我独尊之美"。

当然，以上有关英语和汉语语篇的谋篇布局的对比，都是脱离了语篇内容和文体的泛泛之谈。只有在实践中针对语篇的具体内容、构建动机、文体进行的谋篇布局的对比对实践才具备切实的指导意义。下文，我们将以具体的英汉语篇为例，对其谋篇布局进行分析和对比，以期更好地服务于中华文化"走出去"的伟大国策。

第二节　英汉语篇谋篇布局对比实例分析与翻译策略的构建

在这一节当中，我们将继续在美学语言学和接受美学理论的指导下，通过具体语篇开展英汉语篇谋篇布局的对比研究。我们首先展开英汉大学简介语篇的对比。我们特意以具有一定代表性的哈佛大学简介和北京大学简介为例进行对比，因为这两座世界著名的高等学府的简介在一定程度上代表了美国和中国的价值观与审美观。现将两座大学的简介语篇展示如下：

Harvard at a Glance

（1）Established

Harvard is the oldest institution of higher education in the United States, established in 1636 by vote of the Great and General Court of the Massachusetts Bay Colony.

（2）Faculty

About 2,400 faculty members and more than 10,400 academic appointments in affiliated teaching hospitals

（3）Students

Harvard College: About 6,700

Graduate and professional students: About 15,250

Total: About 22,000

（4）School Color

Crimson　　　　　PMS

PMS 187U

PMS 1807C

（5）Alumni

More than 371,000 living alumni, over 279,000 in the U.S., and over 59,000 in some 202 other countries.

（6）Honors

48 Nobel Laureates, 32 heads of state, 48 Pulitzer Prize winners

（7）Motto

Veritas (Latin for "truth")

（8）Real Estate Holdings

5,457 acres

（9）Library Collection

The Harvard Library—the largest academic library in the world—includes 20.4 million volumes, 180,000 serial titles, an estimated 400 million manuscript items, 10 million photographs, 124 million archived web pages, and 5.4 terabytes of born-digital archives and manuscripts. Access to this rich collection is provided by nearly 800 library staff members who operate more than 70 separate library units.

（10）Museums

Harvard's museums are stewards of more than 28 million works of art, artifacts, specimens, materials, and instruments. With deep roots in scholarship and teaching, these internationally renowned collections are fundamental to the development and continuation of many disciplines. These unparalleled institutions rank alongside some of the greatest museums in the world and they are open to the public. They welcome more than 650,000 local, national, and international visitors each year.

（11）Faculties, Schools, and an Institute

Harvard University is made up of 11 principal academic units – ten faculties and the Radcliffe Institute for Advanced Study. The ten faculties oversee schools and divisions that offer courses and award academic degrees.

（12）Undergraduate Cost And Financial Aid

Families with students on scholarship pay an average of $12,000 annually toward the cost of a Harvard education. More than 55 percent of Harvard College students receive scholarship aid, and the average grant this year is $50,000.

Since 2007, Harvard's investment in financial aid has climbed by more than 75 percent, from $96.6 million to $170 million per year.

During the 2012—2013 academic year, students from families with incomes below $65,000, and with assets typical for that income level, will generally pay nothing toward the cost of attending Harvard College. Families with incomes between $65,000 and $150,000 will contribute from 0 to 10 percent of income, depending on individual circumstances. Significant financial aid also is available for families above those income ranges.

Harvard College launched a net price calculator into which applicants and their families can enter their financial data to estimate the net price they will be expected to pay for a year at Harvard. Please use the calculator to estimate the net cost of attendance.

The total 2016—2017 cost of attending Harvard College without financial aid is $43,280 for tuition and $63,025 for tuition, room, board, and fees combined.

（13）University Professors

The title of University Professor was created in 1935 to honor individuals whose groundbreaking work crosses the boundaries of multiple disciplines, allowing them to pursue research at any of Harvard's Schools. View the list of University Professors.

（14）Harvard University President

Drew Gilpin Faust is the 28th president of Harvard University and the Lincoln Professor of History in Harvard's Faculty of Arts and Sciences.

Drew Gilpin Faust

This photograph is released under the Creative Commons Attribution 3.0 license by Harvard University.

（15）University Income (Fiscal Year 2015)

$4.5 billion

（16）University Expenses (Fiscal Year 2015)

$4.5 billion

（17）Endowment (Fiscal Year 2015)

$37.6 billion

（18）Harvard University Shields

（19）Naming

The name Harvard comes from the college's first benefactor, the young minister John Harvard of Charlestown. Upon his death in 1638, he left his library and half his estate to the institution established in 1636 by vote of the Great and General Court of the Massachusetts Bay Colony.

（20）Harvard and the Military

Members of Harvard University's "Long Crimson Line" have served in the United States Armed Forces since before the nation's independence. Harvard counts among its graduates 18 Medal of Honor recipients, more than any other institution of higher education except the United States Military and Naval Academies. Buildings and sites around campus are daily reminders of Harvard's deep military history. General George Washington kept headquarters at Wadsworth House before taking command of the revolutionary troops in 1775, Massachusetts Hall and Harvard Hall were used as barracks, and building materials were repurposed to make musket balls during the War of Independence. Memorial Hall and Memorial Church honor the sacrifice of Harvard men and women who "freely gave their lives and fondest hopes for us and our allies that we might learn from them courage in peace to spend our lives making a better world for others." In 2011, Harvard welcomed the Naval Reserve Officers Training Corps (ROTC) program back to campus, followed thereafter by the full complement of Army and Air Force regiments.

（21）Mission Statement

Harvard University (comprising the undergraduate college, the graduate schools, other academic bodies, research centers and affiliated institutions) does not have a formal mission statement.

The mission of Harvard College is to educate the citizens and citizen-leaders for our society. We do this through our commitment to the transformative power of a liberal arts and sciences education.

（22）Harvard Campaign

The Harvard Campaign is designed to embrace the future and to ensure Harvard's leadership as it approaches its fifth century of education and inquiry in the pursuit of enduring truth.

（23）HarvardX

HarvardX is a University-wide strategic initiative, overseen by the Office of the Vice Provost for Advances in Learning (VPAL), enabling faculty to create open, online courses for on campus and global learners and advancing research in the learning sciences. To date, HarvardX has engaged more than 120 faculty across ten schools, producing more than 80 open online courses with over 1.5 million unique course participants. On campus, HarvardX has enabled hybrid learning in over a dozen residential courses and convened over 300 individuals (faculty, undergraduates, graduates, technologists) in developing content, conducting research, or blending courses. A leader in advancing the science of learning, HarvardX and VPAL Research have produced more than 100 research publications and two major benchmark reports on MOOC learner demographics and behavior.

（24）More Information

These numbers come from many sources, including the Harvard University Fact Book and the Annual Financial Report to the Board of Overseers of Harvard College. Sign up for the Daily Gazette to receive highlights about faculty news, research projects, staff developments, student life, and daily events in your inbox.

北大简介

（1）北京大学创办于 1898 年，初名京师大学堂，是中国第一所国立综合性大学，也是当时中国最高教育行政机关。辛亥革命后，于 1912 年改为现名。

（2）作为新文化运动的中心和五四运动的策源地，作为中国最早传播马克思主义和民主科学思想的发祥地，作为中国共产党最早的活动基地，北京大学为民族的振兴和解放、国家的建设和发展、社会的文明和进步做出了不可替代的贡献，在中国走向现代化的进程中起到了重要的先锋作用。爱国、进步、民主、科学的传统精神和勤奋、严谨、求实、创新的学风在这里生生不息、代代相传。

（3）1917 年，著名教育家蔡元培出任北京大学校长，他"循思想自由原则，取兼容并包主义"，对北京大学进行了卓有成效的改革，促进了思想解放和学术繁荣。陈独秀、李大钊、毛泽东以及鲁迅、胡适等一批杰出人才都曾在北京大学任职或任教。

（4）1937 年卢沟桥事变后，北京大学与清华大学、南开大学南迁长沙，共同组成长沙临时大学。不久，临时大学又迁到昆明，改称国立西南联合大学。抗日战争胜利后，北京大学于 1946 年 10 月在北平复学。

（5）中华人民共和国成立后，全国高校于 1952 年进行院系调整，北京大学成为一所以文理基础教学和研究为主的综合性大学，为国家培养了大批人才。据不完全统计，北京大学的校友和教师有 400 多位两院院士，中国人文社科界有影响的人士相当多也出自北京大学。

（6）改革开放以来，北京大学进入了一个前所未有的大发展、大建设的新时期，并成为国家"211 工程"重点建设的两所大学之一。

（7）1998 年 5 月 4 日，北京大学百年校庆之际，国家主席江泽民在庆祝北京大学建校一百周年大会上发表讲话，发出了"为了实现现代化，我国要有若干所具有世界先进水平的一流大学"的号召。在国家的支持下，北京大学适时启动"创建世界一流大学计划"，从此，北京大学的历史翻开了新的一页。

（8）2000年4月3日，北京大学与原北京医科大学合并，组建了新的北京大学。原北京医科大学的前身是国立北京医学专门学校，创建于1912年10月26日。20世纪三四十年代，学校一度名为北平大学医学院，并于1946年7月并入北京大学。1952年在全国高校院系调整中，北京大学医学院脱离北京大学，独立为北京医学院。1985年更名为北京医科大学，1996年成为国家首批"211工程"重点支持的医科大学。两校合并进一步拓宽了北京大学的学科结构，为促进医学与人文社会科学及理科的结合，改革医学教育奠定了基础。

（9）近年来，在"211工程"和"985工程"的支持下，北京大学进入了一个新的历史发展阶段，在学科建设、人才培养、师资队伍建设、教学科研等各方面都取得了显著成绩，为将北大建设成为世界一流大学奠定了坚实的基础。今天的北京大学已经成为国家培养高素质、创造性人才的摇篮、科学研究的前沿和知识创新的重要基地和国际交流的重要桥梁和窗口。

（10）现任校党委书记为郝平教授，校长为林建华教授。

首先，让我们来审视题目的设计。哈佛大学简介的题目为"哈佛一瞥"（Harvard at a Glance），加入了文学的元素，赋予读者些许的亲和感与散文般的美感，消除了读者对简介类语篇固有的厌倦情绪，在一定程度上激起读者进行"哈佛一游"的兴趣。北京大学简介的题目为"北大简介"，非常的公文化和正式化。读者读之即刻敛容屏气，大有非正襟危坐不可之感。

"哈佛一瞥"与"北大简介"的第一个段落谈及的均是有关"创立"的信息，如创立时间、创立机构等，彰显了本学府的历史厚重感和重要性。然而，仔细观察，不难发现两者在信息的编排次序上截然不同。"哈佛一瞥"在段落1中安置的第一条信息是"哈佛是美国历史最古老的高等教育机构"，明确告知读者从创立时间来评判，自己是美国高等教育的鼻祖。而北大安排的第一条信息是北大的创立时间，而将"是中国第一所国立综合性大学，也是当时中国最高教育行政机关"这一排行信息放置在创立时间之后。这种信息编排次序的不同不仅反映出两篇大学简介语篇在谋篇布局层面审美趣旨的差异性，而且体现了中美价值观念的迥异。

接下来，在段落2中出现了显著的差异性。"哈佛一瞥"仅仅使用了14个英语单词向读者呈现了本校的教职工人数及其构成。不言而喻，其表达动机就是展示本校的教育实力。"北大简介"的段落2的总字数为171个字，编排了两条重要信息，一是北大在新文化运动、五四运动、马克思主义和民主科学思想的传播、中国共产党的早期活动，以及中国的社会主义建设过程中的不可磨没的伟大功绩；二是北大的传统精神，即"爱国、进步、民主、科学"，以及北大的传统学风，即"勤奋、严谨、求实、创新"。哈佛简介彰显的是教职工团队的庞大；北大简介重点传递的是北大的历史担当和北大的精神。

"哈佛一瞥"在段落3中介绍了学生的数量与构成。"北大简介"的第3段简要介绍的是蔡元培、陈独秀、李大钊、毛泽东以及鲁迅、胡适等一批曾在北大任职的杰出的教育者，特别展示了曾任北大校长的蔡元培先生的改革思路"循思想自由原则，取兼容并包主义"。实际上，"思想自由、兼容并包"至今都是北大教师的精神内核。笔者曾于2016年到北大观摩，在与北大教授座谈中仍然可以明显地感受到他们自由的学术氛围和大度包容的学术思路。因此，特意将此条信息安排在段落3的第一句，确实能够真实呈现北大精神与人才培养理念。另外，在体现教师的方式上，哈佛仅仅提供了教师的人数和结构，而北大还具体介绍了历史上的杰出教师及其教育理念，明显后者给予读者的印象更为直观、具体。

"哈佛一瞥"段落 4 中介绍的是本校的校色——深红色，选择的形式是表格形式，表中详细说明了构成校色的两种颜色的浓度。哈佛大学的深红色校色来源于 1858 年的一次划艇比赛。在那场比赛中，哈佛大学的两名队员为前去河边为哈佛加油的观众们发放了深红色的围巾，目的是让河岸上的助威者声势更加浩大，此后"深红色"就成为哈佛大学的校色，它象征着活力、团结和充沛的精力。北大在 2007 年也确定了将特定色值的红色作为自己的校色，命名为"北大红"。但是，"北大简介"中不存在相关内容的传达。"北大红"象征的是爱国进步的传统以及振兴中华、敢为人先的担当精神。事实上，"北大红"完全可以成为北大简介的一道靓丽的风景。然而，北大简介中没有出现"北大红"的介绍，实在有些遗憾。北大简介的第 4 段与哈佛不同，这一段使用 86 个汉语单词，介绍的是从 1937—1946 年间，北大为了给祖国保留人才艰难南迁的历史历程，北大人不愿意让世人忘记这段历史，北大人自己也会永远铭记这段历史，目的是激发北大人的爱国报家的热情。

"哈佛一瞥"中的段落 5 是有关校友的内容。虽然仅仅使用了 18 个英文单词，但其间数据可以明确地向读者表明一条信息，那就是哈佛校友遍天下，哈佛为世界源源不断地输送着人才，哈佛是世界的哈佛，其对读者的震撼绝不能小觑。"北大简介"的段落 5 前半部分交代的是北大的性质，即北京大学是"一所以文理基础教学和研究为主的综合性大学"，直到后半部分才向读者说明北大已经为祖国培养了 400 多名两院院士，这在国内确实也是首屈一指的。

"哈佛一瞥"段落 6 主要展示本校诺贝尔奖得主（48 人）、普利策奖得主（48 人）以及州长的人数（32）人，数目确实惊人，令读者叹为观止。"北大简介"的段落 6 用来告知读者北大隶属"211 工程"大学。"211 工程"是指面向 21 世纪中国政府重点建设的 100 所左右的高等学校和一批重点学科的建设工程。"211 工程"大学是很多中国莘莘学子所敬仰的高等学府，突出这一信息有利于北大招生工作的进行。

　　"哈佛一瞥"的段落7是校训。使用拉丁语来表达，并配有英语译文——"真理"。然而，令人惊奇的是，经查询，北大不存在明确的校训。"北大简介"段落7涉及江泽民同志的指示，代表了北大对江泽民同志建设世界一流大学讲话的落实，体现了北大对当代使命的担当以及北大未来的发展方向。

　　"哈佛一瞥"段落8使用两个英语单词向读者展示了哈佛大学的占地面积。北大简介中无此类信息，因为中国读者似乎对于北大校园的占地面积不太感兴趣。"北大简介"段落8主要介绍新北京大学的形成。也就是将原有北京大学与北京医科大学合并构成了新的北京大学。这段信息主要介绍了北大专业的扩展情况。

　　"哈佛一瞥"段落9使用了97个英语单词展示本校图书馆的馆藏。然而，虽然北大图书馆是中国最早的现代新型图书馆，被国务院批准为首批国家重点古籍保护单位，已发展成为资源丰富、现代化、综合性、开放式的研究型图书馆，然而，这么重要的内容在"北大简介"中只字未提。当然，北大官网设有专门的网页来介绍北大图书馆，但是简介中是否应该对北大的图书馆藏有些许的引荐，确实值得商榷。"北大简介"段落9是对当前北大的发展状况进行了总结，特别强调了北大未来的发展目标，即成为世界一流高校。

　　"北大简介"的最后一段，即段落10，列举了现任党委书记和校长的姓名，没有附加照片。哈佛简介的段落10以72个字的篇幅详细介绍了哈佛博物馆。

　　"哈佛一瞥"的段落11简要介绍了哈佛的二级学院；段落12以192字的巨大（相对于其他段落而言）篇幅详细介绍了本科生的费用及奖学金情况；段落13介绍了哈佛的一项名为"大学教授"的奖项；段落14专门介绍了哈佛大学的现任校长，并配有一个巨幅照片，照片中哈佛的女校长交叉着双手面对镜头展现出颇具亲和力的微笑，给读者非常亲切、执行、和蔼的印象。段落14至段落23依次介绍了哈佛的年收入、支出（数额等同于收入）、捐款（数额约为支出的8倍）、校徽（配有彩色图片）、命名过程、与军界的关系、使命、重大活动、哈佛在线（HarvardX）。最后一个段落，即段落 24 给出了一些链接，为希望进一步了解哈佛情况的读者提供方便。

为了更为直观地展示两个语篇的差异之处，现以表 7-1 的形式将各项对比内容与结果予以展示：

表 7-1　哈佛大学与北京大学的简介语篇对比

对比项	哈佛一瞥	北大简介
标题风格	具备文学性，浪漫	公文性强，正式
总段落数	24	10
段落标题	有	没有
每段涉及主题数	1 个	1~3 个
每段字数	2~192 字	19~223 字
全文包含主题（按上下文顺序排列）	创立信息—教职工数量及其构成—学生数量及其构成—校色—毕业生人数及其地理分布—荣誉—校训—校园占地面积—图书馆馆藏—博物馆—二级院校—本科生学费及奖学金情况—"大学教授"活动介绍—现任校长—学校年收入—学校年开支—捐款—校徽—命名故事—学校与军界的关系—使命陈述—学校活动—哈佛在线—更多信息	创立信息—北大历史功绩、传统精神、传统学风—杰出教师与校长—南迁历史—北大性质、荣誉—211 大学尘埃落定—响应江泽民同志讲话，立志建设成为世界一流大学—新北京大学—总结目前成绩、提出未来发展目标—现任党委书记与校长
逻辑推进方式	总标题—分标题—分标题……	总标题下按时间顺序叙述
段落之间的关系	平行关系	时间推进关系
多模态情况	涉及两种模态，文字与图片	涉及一种模态，文字
颜色使用情况	黑色、深红色	黑色

表 7-1 显示：

（1）"哈佛一瞥"的内容较之"北大简介"更为详细，面面俱到。

（2）"哈佛一瞥"按主题分段，每段均设有标题，且仅仅涉及一个主题。《北大简介》未设分标题，且有时一个自然段中涉及多个主题。

（3）"哈佛一瞥"中，除了对哈佛图书馆、哈佛博物馆、本科生费用及奖学金，以及哈佛与军界的关系和在线哈佛的介绍相对详细外（未超过 200 字），其余各段内容均短，最短仅用 2 个单词。"北大简介"虽然整体篇幅仅为哈佛的一半不到（10 段：24 段），但每段字数较多，每段最短为 19 个字，最长为 223 个字。

（4）与"哈佛一瞥"对比表明，"北大简介"对于图书馆、北大红、校园占地面积、现任党委书记与校长的照片、本科生学费与奖学金、财务收支等信息都未提及。我们认为，其中有文化的原因，也有考虑不周之处。

（5）在内容上，"哈佛一瞥"和"北大简介"都重视各自的历史传承，然而"哈佛一瞥"也重视对于"本科生学费及奖学金情况""图书馆馆藏""博物馆"以及"学校与军界的关系"；"北大简介"较为重视传统精神和学风，以及对国家领导人指示的落实与响应。

上文就"哈佛一瞥"和"北大简介"进行了详细的对比，接下来，我们将就英汉互译策略进行探讨。试想，如果我们接到一项任务，要求为北京大学编写一部英语版本的简介，我们应该如何着手呢？我们是立即着手把上文中汉语版本的"北大简介"翻译成英语，还是基于英语读者的期待视野以及英语版本"北大简介"的交际目的而进行一个综合性的考量呢？不言而喻，多数译者都会选择后者。

由于中国译者对英语读者的期待视野了解有限，因此我们认为最便捷的方式便是参考相关英语语篇，通过模仿优秀的英文语篇来迎合英语读者的审美兴趣和审美观念。根据这一思路，我们认为，制作英语版本的"北大简介"时，在谋篇布局方面应该采取如下策略：

（1）对"北大简介"这一标题适当进行文学化处理，使之摆脱公文性，增添亲和力，以更好匹配北京大学"自由、包容"的办学理念和治学精神，拉近与读者之间的距离。

（2）着手查找资料，将有关北大图书馆、北大红、校园占地面积、现任党委书记与校长的照片、本科生学费与奖学金等重要资料补充进去，尊重西方读者的阅读习惯。

（3）有关党委书记与校长的照片，应该尽量选择工作照，人物应和蔼可亲，避免选择呆板而严肃的证件照。

（4）建议补充进"北大红"的介绍来丰富英语版本"北大简介"的色彩，这种做法不仅能够展示北大精神，而且符合西方读者的阅读传统，能够为其带来愉悦的审美体验。

（5）以平行段落的方式来推进内容的展示，方便读者查询信息，降低读者的阅读认知负担。

（6）为各个段落设置一个小标题。

（7）每个段落仅涉及一个主题，严格控制段落字数，力图言简意赅。

那么，反过来，如果要求制作汉语版本的"哈佛一瞥"，应该在谋篇布局层面采取哪些策略呢？我们建议如下：

（1）改变段落排列顺序。除了某些经济较为自由的读者，一般性的中国读者对于哈佛的办学理念、治学传统以及学费和奖学金情况可能更感兴趣，因而在汉语版本中最好遵循如下顺序来安排段落："创立信息—命名故事—校色—校训—校徽—荣誉—使命陈述—本科生学费及奖学金情况—二级院校—图书馆馆藏—博物馆—教职工数量及其构成—学生数量及其构成—毕业生人数及其地理分布—现任校长—学校年收入—学校年开支—捐款—校园占地面积—'大学教授'活动—学校与军界的关系—学校活动—哈佛在线—更多信息。"

（2）补充中国学生所需信息。中国申请者更为关注诸如申请条件、申请方法、申请程序、专业简介、针对留学生的奖学金情况、学费、住宿、安全须知、就业支持等信息，因此应该在"哈佛一瞥"汉语版本中增加此类信息。

下面我们将以美国黄石国家公园和中国太平国家森林公园为例，选取各自官网上的公园简介语篇，对它们的谋篇布局进行对比，以此提出英汉互译策略。现将对比语篇展示如下：

Yellowstone National Park.Com

（1）Main

Yellowstone National Park is the flagship of the National Park Service and a favorite to millions of visitors each year. The park is a major destination for all members of the family. By driving the grand loop road, visitors can view the park from the comfort of their vehicle and also take a rest at one of the many roadside picnic areas. For the active visitor, the park has thousands of miles of trails from dayhikes to backcountry explorations. The main attractions are all located on the grand loop road and here are some of the top reasons to visit the park. This site has a lot of the information you need for your trip and you may also consider our DVD "The Wonders of Yellowstone" to help you plan your visit.

＊ World's First National Park

＊ 2,219,789 acres (Larger than Rhode Island and Delaware combined)

＊ Wildlife-7 species of ungulates (bison, moose, elk, pronghorn), 2 species of bear and 67 other mammals, 322 species of birds, 16 species of fish and of course the gray wolf.

＊ Plants-There are over 1,100 species of native plants, more than 200 species of exotic plants and over 400 species of thermopholes.

＊ Geology-The park is home to one of the world's largest calderas with over 10,000 thermal features and more than 300 geysers. It has one of the world's largest petrifiied forests. It has over 290 waterfalls with the 308' Lower Falls of the Yellowstone River as it's showpiece.

＊ Yellowstone Lake is the largest (132 sq. mi.) high altitude (7,732') lake in north america.

* 9 visitor centers

* 12 campgrounds (over 2,000 campsites)

"The Wonders of Yellowstone"
- 98 Minutes -
~Telly Award Winner for Nature and Wildlife~

Two years in the making and just released, "The Wonders of Yellowstone" video has been highly requested, produced in DVD format and is only available through *YellowstoneNationalPark.com*. Take a complete tour of Yellowstone National Park as our Narrator Cathy Coan, guides you to all the wonders of the park including the geyser basins, wildlife, waterfalls and much more.

More Info or Order Online

（2）Spring Opening Dates

Conditions permitting, roads will open to regular (public) vehicles at 8:00 am on the following dates. Colors listed after the dates correspond to the colors on the 2019 Spring Opening and Fall Closing map.

April 19 West Entrance to Madison Junction, Mammoth Hot Springs to Old Faithful, Norris to Canyon Village.

May 3 East Entrance to Lake Village (Sylvan Pass), Canyon Village to Lake Village.

May 10 South Entrance to West Thumb, Lake Village to West Thumb, West Thumb to Old Faithful (Craig Pass), Tower Junction to Tower Fall.

May 24: Northeast Entrance to Cooke City Beartooth Highway

May 24 Tower Fall to Canyon Village (Dunraven Pass)

Open Year Round North Entrance to Gardiner / Mammoth

（3）2019 Fall Closing Dates

Roads will close to regular (public) vehicles at 8:00 am on the following dates. Colors listed after the dates correspond to the colors on the 2019 Spring Opening and Fall Closing map.

＊October 15 Tower Fall to Canyon (Dunraven Pass), Beartooth Highway (US 212 to Red Lodge, Montana).

＊November 4 All roads close at 8 am except the road between the North Entrance and the Northeast Entrance.

（4）2019—2020 Winter Opening Dates

Conditions permitting, roads will open to oversnow travel by snowmobile and snowcoach at 8 am on the following dates:

＊December 15: West Entrance to Old Faithful, Mammoth to Old Faithful, Canyon to Norris, Canyon to Lake, Old Faithful to West Thumb, South Entrance to Lake, Lake to Lake Butte Overlook.

＊December 22: East Entrance to Lake Butte Overlook (Sylvan Pass)

（5）2020 Winter Closing Dates

Roads will close to oversnow travel by snowmobile and snowcoach at 9 pm on the following dates:

＊March 1: East Entrance to Lake Butte Overlook (Sylvan Pass).

＊March 8: Mammoth Hot Springs to Norris.

＊March 10: Norris to Madison, Norris to Canyon Village.

＊March 8: Canyon Village to Fishing Bridge.

March 15: All remaining groomed roads close

(6) Frequently Asked Questions for Yellowstone National Park

(6.1) How much is the entrance fee?

$25-Private, noncommercial vehicle;

$20-Motorcycle or snowmobile (winter)

$12-Visitors 16 and older entering by foot, bike, ski, etc.

＊ This fee provides the visitor with a 7-day entrance permit for both Yellowstone and Grand Teton National Parks.

A $50 park annual pass provides entrance for a single private non-commercial vehicle at Yellowstone and Grand Teton National Parks. The $10 Interagency Senior Pass (62 and older) is a lifetime pass available to U.S. citizens or permanent residents.

(6.2) Where do I enter Yellowstone National Park?

Yellowstone has 5 entrances to the park:

North Entrance-Gardiner, MT, the North Entrance is the only park entrance open to wheeled vehicles all year. November through April, provides access to Cooke City, MT. US Highway 212 east of Cooke City is closed to wheeled vehicles November through April. The Mammoth to Norris road is open to wheeled vehicles from April 20 to November 4, and to tracked oversnow vehicles from around December 17 to March 12. Closest airline service is Bozeman, MT

West Entrance-West Yellowstone, MT, the West Entrance is open to wheeled vehicles from April 20 to November 4, and to tracked oversnow vehicles from December 17 to March 12. Closest airline service is West Yellowstone, MT, Bozeman, MT, Idaho Falls, ID, and Salt Lake City, UT.

Northeast Entrance-Silver Gate and Cooke City, MT, is open year around for wheeled vehicles to Cooke City through the North Entrance. Opening dates for roads east of Cooke City vary from year to year, depending on the weather. The Beartooth Highway is open from late May/ early June to mid October and is dependent upon weather conditions. Closest airline service is Billings, MT.

South & East Entrances-Open to wheeled vehicles from May 11 to November 4, and to tracked oversnow vehicles from December 17 to March 12. Closest airline service to the South Entrance is Jackson, WY and Cody,

WY to the East Entrance.

(6.3) Where should we stay?

The best way to answer this is to decide how much time you have and what you want to see the most. As an example, if you plan on visiting Yellowstone National Park for only a few days and want to experience some of the main attractions then West Yellowstone would be a good base. From there, it is a short drive to the geyser basins, Old Faithful and the Grand Canyon of the Yellowstone. If you want to have the full park experience then perhaps lodging at Old Faithful would be a good choice. If you want to view the most wildlife, then we suggest the Northeast Entrance and a short trip to the Lamar valley. The South Entrance is a great option if you have more time and want to visit Grand Teton National Park however it is a longer drive to the heart of Yellowstone if you base out of Jackson. The North Entrance is park headquarters and has the most historic information on the park.

(6.4) When is the best time to visit the park?

This depends on what your interests are. Here's a summary; Spring has abundant wildlife, roaring waterfalls and wild weather. It can snow or be in the 70's. Summer has it all including the most crowds. If you and your family plan on a summer trip, here's our best advise. Get out early and eat your breakfast on the road! Fall is a special time of year. For wildlife there is a sense of urgency in the air. Everything seems to be diminishing including the crowds. Winter is a time of solitude. In years past it was more "economical" to visit most of the park. Now it is more restricted unless you can afford a snowcoach or guided snowmobile tour. The North Entrance is the busiest due to the ease of access and plowed road.

With 5 entrances and over 2 million acres, we highly suggest you plan your trip in advance. We recommend you obtain some of the many travel planners or DVD's that are available for Yellowstone. If you're more detailed oriented then obtain a travel planner. If you want to know as much information as possible in under 90 minutes then purchase a Yellowstone DVD.

(7) Yellowstone Lodging.com

New lodging and travel information website for visitors to Yellowstone National Park. Visitors traveling to the park are encouraged to check out YellowstoneLodging.com for all your lodging accomodations in and around Yellowstone including all the gateway communities. Along with listings and phone reservations for all the lodging, it includes activities, dining, camping and maps of the park.

太平国家森林公园——关于我们

（1）陕西太平国家森林公园有限公司位于陕西省西安市鄠邑区太平峪内，距西安44公里，咸阳60公里，总面积6085公顷。是秦岭北麓著名的国家AAAA级旅游景区，被联合国教科文组织确定为世界地质公园，荣获陕西省、西安市服务业名牌，年度自然魅力景区等多项荣誉。

（2）景区年平均气温7～10℃，森林覆盖率96%以上，原始森林保护完整，资源丰富、种类繁多，有"天下紫荆，源系太平"之说！

（3）资源情况

景区旅游资源以自然景观为主体，其中尤以水域风光、地质地貌和植物景观为特色。旅游资源覆盖7个主类、22个亚类和53个基本类型，总量达数百的典型旅游资源单体，并组合形成了5大分景区，100余个景点。

主要特点如下：

（3.1）地质地貌遗迹典型

景区是西安秦岭终南山世界地质公园核心园区，为冰晶顶韧性剪切带与构造混合岩化园区，是秦岭造山带的经典地段。本景区内集中展现了多期、多样俯冲碰撞造山构造和陆内造山构造的地质构造特征，断层、节理、褶皱发育，混合花岗岩、细粒花岗岩、板状花岗岩等密布，是研究造山带形成、发展、演化的天然实验室。景区内山峰突兀，沟谷遍布，悬崖高耸，奇石林立，呈现了丰富典型的山地地貌景观。黄羊坝北方罕有的近千米总落差瀑布群、月宫潭巍峨的峡谷断崖，构成了大秦岭最具代表性的山地地质地貌景观。

（3.2）瀑布成群，北方罕有

（3.2.1）景区内自然山水独特，丰沛的水量、复杂的地质构造和巨大的地貌垂直落差，发育了朱雀太平生态旅游景区丰富多样的瀑布景观。千米高差内，分布了彩虹瀑布、仙鹤桥瀑布、蛟龙瀑布、烟霞瀑布、玉带瀑布、雷风槽瀑布、龙口瀑布、钟潭瀑布、挂天飞瀑等16 大瀑布，姿态万千，让游客在感叹大自然的鬼斧神工的同时，流连忘返。特别是黄羊坝瀑布群，密集分布于从海拔 980 米直到海拔 1800 米的山地，形态各异、独具特色，瀑布的数量之多、总落差之大为秦岭之最，在我国北方也极为罕见。

（3.2.2）其中，最为有名的彩虹瀑布，位于海拔 1811 米的高度，为断崖悬空型瀑布，最大落差百余米，水流凌空而下，数十米内激起千层雾，阳光下可见七彩飞虹，令人震撼。

（3.2.3）仙鹤桥瀑布为倾斜式瀑布，由于亿万年来水流的不断冲刷，在瀑布水体景观上部，使得两条岩石断层交汇部位被侵蚀而成天然的"天生桥"奇观，让游客叹为观止。

（3.3）繁花似锦，国内为最

（3.3.1）景区内有近 600 多种古树名木和鲜花异草，具有很高的观赏和科学研究价值。特别是太平峪内的紫荆花，生长在海拔 900 ~ 1400 米之间。每年 4 月，万亩"紫荆花海"竞相绽放，漫山遍野的一片紫色的花海簇拥在山坡之上，争奇斗艳，娇艳绚丽、灿若图绣。

（3.3.2）自发现天然紫荆花海后，2003 年和 2016 年中央电视台曾专题报道，在全国生态旅游界引起轰动。2005 年中国林科院专家亲赴景区考察紫荆资源，认为零星的紫荆树在秦岭山中偶尔可见，但如此大面积的天然紫荆花集中分布生长是绝无仅有的，确认其为秦岭山脉最大的种群。万亩的野生紫荆规模，在国内也无出其右者，被游客誉为"大秦岭的天然绝景"。 紫荆花海中一棵直径 1 米多粗的紫荆树，其鲜艳奇丽和幽香扑鼻而远近驰名，专家评价其实属罕见，被称为"紫荆王"。

（3.3.3）北宋著名理学家程颢曾写诗为证"老生衰病畏暑湿，思卜户杜开紫荆"。据中国林科院植物专家考证，景区内的紫荆是我国紫荆最早的发源地，故有"天下紫荆，源系太平"之说。

（3.4）生物物种繁多珍稀

景区森林覆盖率超过96%，丰富的森林资源和山地环境，孕育了丰富多样的生物物种，有各种草本植物800多种，野生动物250余种，堪称大秦岭天然的物种基因库，滋养了金丝猴、红腹角雉等珍稀物种；秦岭梁纯净、自然的高海拔生态系统，吸引了羚牛、黑熊在此出没；特别是天然形成的万亩紫荆花海、红桦林，鲜艳绮丽、蔚为壮观，被誉为"大秦岭的天然绝景"。

（4）主要景点

综述：太平国家森林公园，风景宜人，景区分为：石门、黄羊坝、栖禅谷（月宫潭）、桦林湾、秦岭梁五大景区。漫步园中赏尽四季美景，春观天然万亩紫荆花海，夏游奇山秀水八瀑白练，秋赏漫山红叶色彩斑斓，冬览玉树琼枝冰雕玉琢原始松林。

（4.1）石门分景区

主要以石景、花景和水景为主题。

沿路而行，怪石嶙峋，两山夹峙，悬崖陡峭，清流之畔，野花送香。景区以欧阳询题字的巨石"石门"而得名，这里怪石嶙峋，山回路转，巨石形态各异从而形成了一个个栩栩如生的景观。

（4.2）黄羊坝分景区

这里是"鲜花"与"瀑布"的海洋，从天然万亩紫荆花海至千尺彩虹飞瀑，流水萦回，山花烂漫，清香溢远，尤其八瀑十八潭在我国北方独领风骚。这里共有大小瀑布12处，瀑布最大落差达到百余米，水流顺巨石喷溅而下，四散的水花由于阳光的反射和折射形成数道彩虹，唯美壮观。

（4.3）月宫潭（栖禅谷）分景区

景区面积1240公顷，全长3.3公里，南北走向，全程为无障碍设计。谷内四季环境清雅、奇花异草应时开放；河道终年清流不断，飞瀑幽潭随处可见；山势险峻连绵，石峡深邃；虫鸣鸟语，动静相宜。

谷内月宫潭、怜心瀑、地隙潭等优美的自然景观，都有美好的故事流传下来，令人回味。鸠摩罗什生平故事和十八罗汉等雕塑突出了佛教文化的意味。佛教文化主题使前来此地的游客朋友们在享受自然美景的同时也能够了解鸠摩罗什大师一生的传奇故事，彰显他翻译佛经、弘扬佛法，为古代中外文化交流所做出的巨大贡献。

（4.4）秦岭梁分景区

景区山势险峻，峭壁林立，森林茂密，让您融入大自然，使您真正体会到原始森林风光的自然乐趣。

（4.5）桦林湾景区

苍劲古老的落叶松原始纯林，顶风傲雪的冷杉纯林，这里分布着成片的天然红桦林。树干赤红，剥落的皮层随风飘舞，据说红桦皮是过去男女之间表达爱情的信物，野生动物常出没于林间，煞是奇特。红桦迎风的景观由此得名。

（5）开发建设

（5.1）基础建设

2009 年 3 月，太平国家森林公园的太平客运索道建成投入运营。

2015 年 4 月，太平公园高山滑道正式运营。

2015 年 7 月 25 日，开通太平国家森林公园旅游班线。

2015 年 8 月 10 日，朱雀太平森林公园自媒体订票系统正式投入运行。

2016 年 5 月 28 日，新游客服务中心落成。

（5.2）品牌建设

1997 年为了调整产业结构建立前身——户县太平林场。

1999 年经陕西省工商及旅游管理部门同意批准定名为陕西太平森林公园。

2004 年 12 月，晋升为国家森林公园。

2004 年开始，每年 4 月举办"紫荆花节"活动。

2010 年 7 月，经国家旅游局评定为国家 AAAA 级旅游景区。

2010 年 12 月，西安市政府认定为"西安服务业名牌"。

2011 年 9 月，陕西旅游商品博览会组委会评定为"十大最具魅力旅游景区景点。

2012 年元月，由西安旅游集团、西安投资控股有限公司、户县投资控股有限公司三方股东共同发起成立西安秦岭朱雀太平国家森林公园旅游发展有限公司。朱雀太平公司进行统一专业化的运营管理。

2013 年、2014 年，景区连续两年被评为"年度自然魅力景区"称号；2014 年，荣获"丝路起点看西安"大西安旅游 TOP 榜前十名；2015 年，荣获年度"最具魅力自驾游景区""生态山水旅游胜地"奖；2016 年，荣获年度"旅游运营管理卓越""旅游人气品牌"奖。

（6）旅游信息

成人门票：60 元 / 人 / 次。

身高 1.2 ~ 1.4 米儿童，大、中、小学生凭学生证 30 元 / 人 / 次。

特殊群体现役军人、军队院校学员、退休红军老战士、残疾人、65 岁（含 65 岁）以上老人、身高 1.2 米以下儿童，凭有效证件免票。

（7）开放时间

（7.1）旺季

公园开放日期：3 月 1 日—11 月 30 日

公园开放时间：7：00—18：00

（7.2）淡季

公园开放日期：12 月 1 日—2 月末

公园开放时间：8：00—17：00

（8）交通及线路

（8.1）交通信息

（8.2）自驾路线

西三环与南三环交汇处上西太一级公路往南至太平公园，大约1小时车程。

（8.3）直通车

西安城南客运站—太平国家森林公园

鄠邑人民路汽车站—太平国家森林公园

（8.4）发车时间

8：00—9：00（返回时间：16：00—17：00）

（11.5）公交路线

环山旅游1号线：9：00前30分钟一趟，9：00后1小时一趟。（非工作日发车）

（9）历史人文

（9.1）秦岭作为中国南北方自然和人文的分界线，不仅分隔了黄河和长江，形成各具特色的黄河文化和长江文化，更滋养着自强不息、奔放厚重的黄河文化，凝铸着中国五千年的历史发展的气魄和胆识。秦岭的重要，不仅体现在独特的生态系统上，也体现在历史和文化上，长期的历史浸染，造就了秦王朝和此后的十三朝古都长安的繁盛，积淀了掘之不尽、观之不胜的文化遗产，堪称中国的天然历史博物馆，也是人类与自然和谐共处最具代表性的地带之一。

（9.2）汉代武帝时，皇家在秦岭山中修建上林苑，作为帝王将相夏季避暑休闲之处，成为中国山野园林的代表，促进了中国古典园林文化的发展，本景区是其重要组成部分。景区内的太平峪，因隋朝皇家在此建造太平宫，供宫廷贵族消夏而得名，从隋唐时期起，成了皇家观花避暑、赏山玩水的山水乐园。《元和郡县志》卷三载："隋太平宫在户县东南三十一里，对太平谷，因命之"。之后隋炀帝多次巡幸太平宫。《户县志·古迹》记载："太平宫隋建，在县东南三十里草堂寺东。唐高祖避暑处。西南有太平谷，宋程伯淳游此有记。""民国"二十二年，吴继祖《重修户县志》载："太平峪口西有真武庙，即隋太平宫故址。"

（9.3）景区位于秦岭终南山核心地段，是历代文人墨客游历之地，长期的游赏历史造就林地大量山水诗词的形成，丰富了中国古代山水诗词文化的内容；其中最有名的当属李白在太平峪所作的《下终南山过斛斯山人宿置酒》，诗文如下：

暮从碧山下，山月随人归。

却顾所来径，苍苍横翠微。

相携及田家，童稚开荆扉。

绿竹入幽径，青萝拂行衣。

欢言得所憩，美酒聊共挥。

长歌吟松风，曲尽河星稀。

我醉君复乐，陶然共忘机。

（9.4）北宋著名哲学家、教育家、诗人、理学奠基者程颢游览太平峪留下了"久压尘笼万虑昏，喜寻泉石暂清神。日劳足倦深山处，犹胜低眉对俗人。"的诗句。

（9.5）景区壮观的瀑布，从古至今，为文人雅客所称道：

送无可上人 [唐] 贾岛

圭峰霁色新，送此草堂人。

麈尾同离寺，蛩鸣暂别亲。

独行潭底影，数息树边身。

终有烟霞约，天台作近邻。

（9.6）如今，因其原始、自然，历史文化底蕴深厚，景区吸引了众多的文人学者及诗词爱好者来此捕捉灵感、激发创作热情，吟风光之壮美，发思古之幽情，寄情山水的游赏活动又培育了中国山水人生哲理文化。

为了清晰展示两篇语篇的不同，表7-2列举了各个对比项目的内容。

表7-2　美国黄石国家公园和中国太平国家森林公园简介语篇对比

对比项	Yellowstone National Park.Com	太平国家森林公园——关于我们
标题风格	标题是一个超级链接，极为实用，聚焦于为游客服务	半正式，聚焦于公园自身
总段落数	7	9
段落标题	有	有
每段涉及主题数	1个	1个
段落层次	三层	三层
段落之间逻辑推进方式	总—分—分……	总—分—分…… 总—分—递进—递进…… 综述—证据1—证据2……—总述
每段字数	61～280字	19～223字
全文包含主题（按上下文顺序排列）	总体介绍（荣誉、游客体验、热爱运动的游客的体验、景点、黄石风景DVD介绍—全球国家公园中的定位—占地面积—野生生物—植物—地貌—黄石湖介绍—游客中心—宿营地）—98分钟的黄石风景DVD介绍与购买链接—春季营业日期—2019年秋季闭园日期—2019—2020年冬季营业日期—2020年冬季闭园日期—有关黄石国家公园的常见问题解答（门票费用—入园地点—住宿地点—游园最佳时间）—住宿信息—入园卷购买链接—宾馆预订链接—更多信息	总体介绍（地理位置、荣誉—气温、森林资源）—公园资源情况〔主要特点：地质地貌遗迹典型—瀑布成群，北方罕有（瀑布综述—黄羊坝瀑布群—彩虹瀑布—仙鹤桥瀑布）〕—繁花似锦，国内为最（古树名木和鲜花异草综述—紫荆花海—紫荆王—天下紫荆，源系太平）—生物物种繁多珍稀—主要景点〔综述—石门分景区—黄羊坝分景区—月宫潭（栖禅谷）分景区—秦岭梁分景区—桦林湾景区〕—开发建设（基础建设—品牌建设）—旅游信息—开放时间（淡季—旺季）—交通及线路（交通信息—自驾路线—直通车—发车时间—公交路线）—历史人文（秦岭的历史人文意义和重要性综述—隋唐时期的太平峪—著名诗人李白有关终南山的诗词—北宋著名哲学家、教育家、诗人、理学奠基者程颢游览太平峪留下的诗词—唐朝贾岛留下的诗词—综述）
多模态情况	涉及三种模态，文字、视频与图片	涉及两种模态，文字和图片
色彩印象	黑色、红色、蓝色、绿色等	黑色、绿色、棕褐色、深粉色等

表7-2显示，这两篇英汉公园简介在谋篇布局方面存在如下显著的差异性：

（1）英语语篇在整个信息编排上凸显推销性与服务性，而汉语语篇则单纯聚焦于介绍。例如，英语语篇的标题就是一个超级链接，读者可以直接点击获得更多有关黄石国家公园的信息，甚至可以点击进入二层网页预订门票。英语语篇在语篇开头综述部分刚刚结束的地方便安放了一个黄石风景 DVD 购买链接。在语篇结尾处也安放有入园卷购买链接和宾馆预订链接，这些都显示出该语篇浓厚的商业气息，同时对读者或潜在游客们的服务性强。而整个有关太平森林公园介绍的汉语语篇中没有安插一个推销性的超级链接，完全是对公园的文字性介绍，将读者的注意力聚焦于公园本身，对读者或潜在游客的服务功能不强。

（2）从内容安排来看，英语语篇的总体介绍较之汉语语篇更为丰富。相比而言，汉语语篇对游客体验和服务设施重视不足，仅将重点放置于公园的荣誉以及地理与生态环境。然而在对景点介绍方面，汉语语篇明显具体详细得多。汉语语篇使用多首古诗、历史人物、文人骚客来彰显太平森林公园的历史性和人文性，显著增加了太平森林公园的人文和历史魅力，有助于吸引游客参观游览，摅怀旧之蓄念，发思古之幽情。

（3）英语语篇的内容推进方式一目了然，仅仅使用了一种方式，那就是"总—分—分……"的方式，而汉语语篇则要复杂许多。在汉语语篇中，我们发现了"总—分—分……""总—分—递进……""综述—证据 1—证据 2……总述"等三种内容推进方式。内容推进方式的复杂性自然会增加读者阅读认知的复杂性。

（4）英语语篇使用了三种模态方式，即视频、文字和图片，而汉语语篇仅仅使用了两种模态方式，即文字和图片。视频模态的使用能够增加语篇的生动性和感染力，带给读者更好的阅读审美体验。汉语语篇中有一张图片人物安排不妥。图中，占据主要位置的人物是一位中年妇女，外貌缺乏美感，无法增加太平森林公园的吸引力。还有一张有关松树的图片，缺乏辨识力，因为这种高山松树图片比比皆是，黄山有之，泰山也有之，因此应该选用更能体现太平森林公园特色的图片。

（5）英语语篇色彩不多，而汉语语篇色彩更为丰富，甚至出现了彩虹，使得语篇对视觉冲击力更强。

上文就 Yellowstone National Park.Com 和"太平国家森林公园——关于我们"进行了详细的对比，接下来，一如既往，我们将就英汉互译策略进行探讨。如果要求制作 Yellowstone National Park.Com 的汉语版本，我们认为应该做出如下调整：

（1）增加人文历史信息、文化信息和景点介绍信息。中国游客对此类信息兴趣颇高，这是中国游客的审美嗜好。

（2）增加图片和免费视频来帮助潜在中国游客更直观地了解黄石国家森林公园。

如果要求制作"太平国家森林公园——关于我们"的英语版本，我们认为应该做出如下调整：

（1）在语篇信息安排上充分重视服务性与推销性，增添门票、宾馆、宿营地、餐饮服务预订超级链接。

（2）每个小标题下，只安排一个主题信息。将段落间和段落内层次尽量修改为平行关系，降低读者的阅读认知难度。

（3）减少冗余，改变"综述—证据1—证据2……—总述"段落内内容推进方式。

（4）减少每段字数，尽可能做到言简意赅，减轻读者的阅读负担。

（5）将服务性信息，如开放时间、交通及线路等信息安置在语篇的前面部分。

（6）适当缩减"历史人文"部分的内容，或将诗歌转换成叙述体，以"讲好中国故事"。

下面，我们再进一步，选择尝试以美国最大的艺术博物馆，世界三大博物馆之一的纽约大都市艺术博物馆（Metropolitan Museum of Art），世界上规模最大、最著名的五大博物馆之一的英国大英博物馆（British Museum），以及中国 4A 级旅游景点、中国第一座大型现代化国家级博物馆——陕西历史博物馆为例，对其官网首页的布局与设置进行对比，因为我们认为，随着互联网技术的普及，各大机构的官网建设已经成为日常，而官网首页完全可视作一种新型的多模态语篇，其内容或信息的铺排与陈设事实上就相当于语篇的谋篇布局。

为了清晰展示三大博物馆首页的谋篇布局情况，表 7-3 从"首页主标签""首页主画面内容""色彩印象""多模态情况""语言服务"五个方面予以对比。

表 7-3　三大博物馆首页谋篇布局对比

对比项	Metropolitan Museum of Art（纽约大都市艺术博物馆）	British Museum（大英博物馆）	陕西历史博物馆
首页主标签	参观信息—展览—活动—艺术—学习—会员与捐献—购物中心	参观信息—展览—研究—学习—会员—捐献—关于我们—网志	首页—概述—展览—服务—研究—活动—藏品—资讯
首页主画面内容	一个动态的不断向纵深延展的视频，视频背景起初是博物馆内部的参观客以及两侧的希腊塑像展品，随着画面的推进，还呈现了博物馆内部的其他藏品和参观客的不同活动，有的在临摹，有的在凝视，有的在创造艺术品。画面的中心位置始终显示一条广告性文字——"Experience 5000 years of art at the Met"（在纽约大都市艺术博物馆体验 5000 年的艺术发展），概括了博物馆的所有内容以及参观的意义，凝练简洁。这条文字下方是一个超级链接—"PLAN YOUR VISIT"（参观规划）	一个静态的以全黑为背景的画面，画面中设置了不同的古代藏品，以及游客在博物馆中参加的各种活动。画面左侧上部，以大号字体展示了开馆时间，设置了不同语言的按钮。左侧下部，是一个超级链接——"Special exhibitions"（特别展品）。此按钮下方，是另外一个以稍小字号表示的按钮，按动这个按钮可以预定博物馆门票，并成为博物馆会员	5 个随时间变换的静态画面，第一个画面是讲座广告；第二个画面是有关打黑除恶的公示语；第三个画面是一个博物馆日公告；第四个画面是讲座广告；第 5 个画面是特别展—"辉煌丝路"的广告。 　这 5 张画面下面的左侧分别设置了网站浏览数据、昨日到馆参观人数和英语网站按钮，中间部分为电话号码和地址，右侧为最新公告、网上订票、参观指南、馆内新闻、网站留言
色彩印象	黑、灰、暗赭红	黑色背景上设置各种亮色	黑色背景上设置淡黄色、红色、中国传统蓝色、各种亮色
多模态情况	多个模态	两个模态	两个模态
语言服务			

从表7-3不难看出，纽约大都市艺术博物馆和大英博物馆均将参观信息和展览信息放置在最重要的位置，而陕西历史博物馆将类似信息放置在第3位和第4位，却将"概述"安放在第1位。点击"概述"，发现"概述"被进一步划分为"博物馆简介""馆长致辞""馆级领导""机构设置"和"专家介绍"几项与普通游客不甚相关的内容，这在某种程度上显示出陕西历史博物馆尚未将"服务"放置到工作的最重心。

从首页主画面内容来看，纽约大都市艺术博物馆和大英博物馆凸显的是展品以及活动，陕西历史博物馆亦是如此。但是，深入观察不难发现，差异依旧存在。首先，纽约大都市艺术博物馆的画面是动态的，可以让读者产生身临其境的感觉，而大英博物馆和陕西历史博物馆的画面都是静态的，只可远观而不可亵玩焉。其次，纽约大都市艺术博物馆和大英博物馆的活动关涉各个年龄段，如儿童、青少年、成人、大学生及科研人员、教育工作者，陕西历史博物馆的学术氛围更为浓厚，针对的一般为成年人和专业人员，尚未拓展亲子活动，以及面向青少年儿童的活动。第三，纽约大都市艺术博物馆和大英博物馆都考虑到了残疾人士的需求，设置了针对身体不自由群体的专项服务，陕西历史博物馆官网中没有发现相关内容。第四，纽约大都市艺术博物馆仅有英文服务，没有其他语种的服务。大英博物馆提供了9个语种的服务，陕西历史博物馆提供了汉语和英语两个语种的服务。

色彩使用方面，三大博物馆的选择都是较为庄重的黑色、灰色、暗赭红等，当然，陕西博物馆的色彩更为丰富，更具中国特色一些。

总之，大英博物馆官网的服务意识更强，满足了不同年龄、语言、教育背景的游客的需求，纽约大都市艺术博物馆缺少了对不同语言游客的顾念，而陕西历史博物馆的官方意识更强，服务意识略显单薄。

第八章

启发与思考

第一节　关于语篇

至此，我们尝试从语音、词汇、语法和谋篇布局的审美选择四大方面对英汉语篇进行了对比，并提出了相应的英汉互译翻译策略。在这一过程当中，特别是资料收集之际，我们对语篇的本质产生了一些新的认知，表8-1列举了时下有关语篇的定义。

表8-1　语篇定义总结

定义者	时间	本质	形式	功能	研究关注点
王宗炎	1988	语言单位	口头、书面	警告、指示或心理等	结合上下文理解语篇
钱冠连	2006	言语活动、言语行为	口头或书面	警告、指示、心理、报告、报道、说明等	言语活动和行为
刘辰诞等	2016	言语交际事件	动态、开放的语言形式	交际	内在因素和外在因素，以及各种因素的互动关系
网络	2019	语段		交际	衔接与连贯

由表 8-1 可以看出，时下业界对语篇本质的认识已经从泛泛的"一个语言单位"具体到"语段"。对语篇形式的定义不再强调"口头或书面"，而是更为"动态"与"开放"，甚至不再规范或明确其形式。此外，业界更为重视语篇的交际功能。研究的关注点也从语篇内的语言语境扩大到影响语篇交际效果的内在因素和外在因素，以及各种因素之间的互动关系。然而，遗憾的是，这些认知都未曾突破"言语"的范畴，从而令人们狭隘地认为语篇是由言语构建而成的，离开了言语，语篇就不复存在。

然而，在资料收集的过程中，多次接触到网站、抖音和快手等这些互联网时代的产物，我们发现无论是网站，还是短视频，其内容与结构越来越独具匠心，信息传播能力越来越强，交际功能更为强大，对观众的影响力越来越大。它们似乎与传统意义上的语篇有着非常多的相似性。例如，成功的网站和抖音都具备内容的连贯性、结构上的衔接性，以及强大的警告、指示和告知功能，但是它们可能仅仅由图像和背景音乐构成，根本不涉及言语行为。由此，我们大胆设想，可否将这些不关涉言语行为的网站、抖音和快手等互联网时代的产物也视为语篇呢？在互联网时代，传统语篇的定义是否已显狭隘了呢？答案是肯定的。在本书第八章中，我们对美国纽约大都市艺术博物馆、英国大英博物馆和陕西历史博物馆官网首页内容及官网结构进行了尝试性对比，略有斩获。对比显示，官网首页内容的设置对其交际功能的发挥起到了至关重要的作用，同时与民族审美观念和价值观念戚戚相关。美英两国颇为相似，都将"参观信息"和"展览信息"放置首位，体现了高度的游客服务意识。陕西历史博物馆的官方色彩浓厚，虽然也非常重视"展览信息"，但是还是将博物馆的介绍、管理者、组织机构等信息放置在最前面。纽约大都市艺术博物馆和大英博物馆的学习研究活动照顾到亲子互动以及各个年龄段和教育背景的游客，陕西历史博物馆的学术气氛更为明显。纽约大都市艺术博物馆和大英博物馆官网中都有游客的"出演"，而陕西历史博物馆没有游客的形象出现。纽约大都市艺术博物馆和大英博物馆官网的主背景色彩都是黑色，陕西历史博物馆选择的颜色更为中国化，出现了中国传统大红色和印染蓝色。总之，"服务"是连贯纽约大都市艺术博物馆和大英博物馆官网的主线，"展览"和"历史"是陕西历史博物馆的主线。纽约大都市艺术博物馆和大英博物馆官网的结构衔接也都是以"服务"为项领，而陕西历史博物馆是以"国家政策"为引导来安排网站内容。当然，作为公共设施的一个重要组成部分，纽约大都市艺术博物馆和大英博物馆官网也会受到本国政策的影响，只是这种影响表现得更为隐性而已。由上可见，网站也具备语篇的特征，完全可以纳入语篇研究中来。

有鉴于此，我们认为，语篇就是广告、使用说明、摘录、法律文件、信件、便条、独白、讲述某事件、讣告、宣言、报道、报告、网站、抖音和快手等真实世界中实际使用的交际事件、交际事物和交际活动，可以涉及或脱离言语或言语行为，但一定具备内容的连贯与形式的衔接，且具有明显的交际意图。语篇具备多模态性、动态性和开放性。

第二节　关于翻译

"翻译是一项具有丰富内涵的复杂实践活动"（许钧），具备多种形态和活动样式，因而学界对于什么是翻译众说纷纭，其答案绝不是唯一的。许钧结合法国著名翻译理论家拉德米拉尔的观点，提出可以从三个层面去思考"翻译是什么"的问题，即翻译的本质、翻译的目的和翻译的形式，为我们认识翻译提供了一个系统化的思维框架。在提出笔者对翻译的理解之前，现依据许钧提出的思维框架，以表 8-2 的形式回顾迄今为止学界对翻译的定义。

表 8-2　翻译的定义总结

定义人	定义	本质	目的	形式
费道罗夫	翻译是用一种语言把另一种语言在内容与形式不可分割的统一中业已表达出来了的东西准确而完全地表达出来	等值替换	语际替换	语言活动
奈达	翻译指从语义到文体在译语中用最切近而又最自然的对等语再现原语的信息	等值和等效再现	再现原语信息	语言活动
王德春	翻译就是转换承载信息的语言，把一种语言承载的信息用另一语言表达出来	语言转换	转换承载信息的语言	语言活动
张培基	翻译是运用一种语言把另一种语言所表达的思维内容准确而整体地重新表达出来的语言活动	语言活动	重新表达思维	语言活动
许渊冲	翻译是美化之艺术	艺术再创造	再创造	艺术活动
雨果	翻译如以宽颈瓶中水灌注狭颈瓶中，傍倾而流失者必多	未触及	未触及	未触及
叔本华	翻译如以此种乐器演奏原为他种乐器所谱之曲调	未触及	未触及	未触及
伏尔泰	倘欲从译本中识原作面目，犹欲从版刻复制中睹原画色彩	未触及	未触及	未触及
傅雷	翻译应当像临画一样，所求的不在形似而在神似	语言临摹	神似	临摹活动
勒弗维尔	翻译并非在两种语言的真空中进行，而是在两种文学传统的语境下进行的。译者作用于特定时间的特定文化之中，他们对自己和自己文化的理解，是影响他们翻译方法的诸多因素之一	跨文化交际	对外来文化的选择与接受	跨文化交际活动
诺德等	翻译就是文化 Z 通过语言 z 表达信息，而这个信息又由文化 A 按照其目的所需，通过语言 a 再表达出来	有目的的信息表达	有目的的信息选择与接受	有目的的信息选择与接受活动
吕俊	翻译并不是一种中性的、远离政治及意识形态斗争和利益冲突的行为；更不是一种纯粹的文字活动，一种文本间话语符号的转换和替代，而是一种文化、思想、意识形态在另一种文化、思想、意识形态环境里的改造、变形或再创作	文化、思想、意识形态的改造、变形或再创作	改造、变形或再创作	文化、思想、意识形态的再创作

　　仔细审阅学界对翻译的定义，不难发现，迄今为止，人们对翻译的认知早已从单纯的语言活动转换为跨文化交际、艺术活动、对于原语文化的有目的性的选择与接受活动，甚至是文化、思想、意识形态的改造、变形或再创作，体现出译者在翻译实践中已跳出了语言的桎梏，对自己所从事的翻译活动的目的性愈发清晰，对译作消费者的需求与接受情况愈发重视，因为译者在积年累月的翻译实践活动中已经认识到，成功的语言转换并不一定能够生产出成功的译文，而只有充分关照译文消费者的喜好，并以此对译文进行文化、思想、意识形态的改造、变形或再创作，才能够为消费者所悦纳并最终为消费者奉献出成功的翻译作品。

　　基于上述考量，加之本书的实施经验，我们窃认为，翻译是一种目的性极强的、充分关照目的与读者的消费喜好并基于目的语读者所在文化、思想、意识形态，特别是审美观念而进行的艺术再创造活动。

参考文献

白纯，等，2006. 从英汉诗歌节奏及音韵对比看中西文化差异 [J]. 黑龙江社会科学（6）：123-126.

曹丽霞，2020. 真读、真悟、真体验——从《草房子》看整本书深度阅读 [J]. 语文教学通讯（2）：17-18.

陈文慧，2018. 我国接受美学与翻译理论研究综述 [J]. 昆明理工大学学报（社会科学版），18（1）：90-98.

Ellis J，1966. Towards a General Comparative Lingustics [M]. The Hague：Mouton.

桂世春，等，1997. 语言学方法论 [M]. 北京：外语教学与研究出版社.

H.R. 姚斯，等，1987. 接受美学与接受理论 [M]. 周宁，金元浦，译. 沈阳：辽宁人民出版社.

贺文照，等，2018. 外宣翻译中的读者意识及语言可读性考察——基于 China Daily 和 Shanghai Daily 的调查与启示 [J]. 湖南工程学院学报（社会科学版），28（2）：65-70.

黄伯荣，等，2019. 现代汉语（增订六版）[M]. 北京：高等教育出版社.

Krzeszowski T. P，1984. Tertium Comparationsis [M]. In J. Fisiak（ed.）：301-312.

刘宓庆，1991. 汉英对比研究与翻译 [M]. 南昌：江西教育出版社.

刘乃华，1988. 汉英语音系统主要特点之比较 [J]. 南京师大学报（社会科学版）（3）：79-84.

李洪乾，2009. 英汉词语文化差异及其翻译 [J]. 科教文汇（上旬刊）（4）：254-256.

刘利晓，2010. 接受美学视阈下模糊语言在《红楼梦》翻译中的审美再现 [D]. 长沙：中南大学.

刘辰诞，等，2016. 什么是篇章语言学 [M]. 上海：上海外语教育出版社.

刘小燕，等，2017.接受美学视阈下新华社"两会"对外报道模式的嬗变—兼论媒体如何讲述好中国故事 [J]. 传媒（13）：79-81.

Pinker S, 2015. 语言直觉 [M]. 欧阳明亮，译. 杭州：浙江人民出版社.

钱冠连，2006. 美学语言学——语言美与言语美（第二版）[M]. 北京：高等教育出版社.

阮广红，2019. 基于成果导向的口译教学模式构建研究 [J]. 海外英语（8）：8-9.

斯宾诺莎，1992. 斯宾诺莎 [M]. 洪汉鼎，译. 台北：台湾东大图书公司.

斯宾诺莎，2007. 斯宾诺莎读本 [M]. 洪汉鼎译. 北京：中央编译出版社.

寿敏霞，2008. 儿童文学翻译综述 [J] 宿州教育学院学报（2）.

沈炜艳，等，2015. 接受美学理论指导下的《红楼梦》园林文化翻译研究——以霍克斯译本为例 [J]. 东华大学学报（社会科学版），15（1）：8-14.

王宗炎，1988.《英汉应用语言学词典》前言 [J]. 外国语（上海外国语学院学报）（4）：3-6，15.

王岳川，1998. 作者之死与文本欢欣 [J]. 文学自由谈（4）：74-79.

王珍珍，等，2020. 工欲善其事，必先利其器——《翻译研究方法论》课程设计与实施 [J]. 外国语言与文化，4（2）：92-104.

许余龙，1992. 对比语言学概论 [M]. 上海：上海外语教育出版社.

叶朗，2009. 美在意象——美学基本原理提要 [J]. 北京大学学报（哲学社会科学版），46（3）：11-19.

阳小玲，2012. 汉语古诗词英译"意象美"的"有条件"再现 [D]. 长沙：中南大学.

朱立元. 美感论：突破认识论框架的成功尝试——蒋孔阳美学思想新探 [J]. 文史哲，2004（6）：22-26.

周来祥，等，2011. 走向读者——接受美学的理论渊源及其独特贡献 [J]. 贵州社会科学（8）：4-16.

周楚，等，2015. 中国古典诗歌英译文读者接受度调查——以王维《鹿柴》英译为例 [J]. 乐山师范学院学报，30（9）：34-38.

张广奎，2017. 论英文诗歌的朗诵与诠释 [J]. 白城师范学院学报，31（1）：47-52.